中国科大
校园草木

主　编　沈显生
副主编　李汶芳
编写组（以姓氏笔画为序）
王英蕾　兰丽影　李汶芳
沈显生　陈筠怡　金丽颖
孟学峰

中国科学技术大学出版社

内容简介

本书收集了中国科学技术大学校园中393种（含29种下单位）室外常见的维管束植物，介绍这些植物的主要特征、利用价值和物种分布等，并配有大量精美的植物照片，书末附有植物学基础知识和植物花期日历。

本书作为一本植物分类学科普和环境教育的读物，图文并茂，设计精美，适合高校师生、中学生、园林工作者和植物爱好者使用，具有一定的参考价值和鉴赏价值。

图书在版编目（CIP）数据

中国科大校园草木／沈显生主编．—合肥：中国科学技术大学出版社，2018.8
ISBN　978-7-312-04512-7

Ⅰ.中…　Ⅱ.沈…　Ⅲ.中国科学技术大学—植物—图集　Ⅳ.Q948.525.41-64

中国版本图书馆CIP数据核字（2018）第147683号

出版　中国科学技术大学出版社
安徽省合肥市金寨路96号，230026
http://press.ustc.edu.cn
http://zgkxjsdxcbs.tmall.com
印刷　安徽国文彩印有限公司
发行　中国科学技术大学出版社
经销　全国新华书店
开本　787 mm × 1092 mm　1/16
印张　11.75
字数　301 千
版次　2018年8月第1版
印次　2018年8月第1次印刷
定价　80.00元

前　言

中国科学技术大学(以下简称“中国科大”)是中国科学院所属的以前沿科学和高新技术为主、兼有特色管理和人文学科的综合性全国重点大学。中国科大秉持一贯的严谨治学校风的同时,也极为关注校园文化的建设和培育,而校园绿化是校园文化的重要组成部分。通过几代科大人的努力,科大多个校区已建设成为花园式校园。如今的中国科大,学术氛围浓郁,环境更加怡人,如樱花大道、七叶树林荫道、石榴园和梅园,以及美丽的眼镜湖和也西湖,这些绿化景观在中国科大师生们的心中,早已成为亲近自然的绝佳去处,特别是已经离校的校友,每当想起在中国科大的时光,无一不回忆起科大校园里的一草一木以及与老师和同学们曾经相处的画面。

2016年,在学校教务处和生命科学学院的组织和资助下,生命科学学院钱栎屾和邱燕宁2位本科生编写的《中国科学技术大学校园植物图鉴》一书,得到了校内外读者们的广泛好评,首印5000册仅一周时间即售罄。同时,我们也收到了很多喜爱该书的读者的反馈意见,在此次编写计划中我们采纳了其中的部分意见,使植物种类更加丰富,植物图片更具观赏性,文字描述更加简洁,同时植物名称查阅和检索更加方便,并适当增加书中植物所涉及的人文知识。我们为此组织了生命科学学院的研究生李汶芳和本科生兰丽影、王英蕾、金丽颖、孟学峰,以及化学与材料科学学院的本科生陈筠怡共6位同学,在该书的基础上编写了这本《中国科大校园草木》。

非常感谢这些同学能够在繁忙的学习之余,牺牲休息时间来调查校园植物、拍摄植物照片、撰写和修改文稿。尤其是研究生李汶芳同学,对植物分类学抱有浓厚兴趣,专业功底扎实,在此也特别感谢其导师赵忠教授在整个过程中给予她的支持。此外,化学与材料科学学院的陈筠怡同学也是一位植物爱好者,她自2016年夏季开始用持续一整年的时间来观察和记录校园植物开花物候期,并收集相关植物的古诗词用于配套文稿。

我与这些同学一起,拍摄了大量以中国科大特色建筑为背景的植物图片并编入本书,期望这些饱含中国科大特色的植物照片,在增加本书欣赏效果的同时也能唤起校友们对美丽校园的回忆与思恋之情,我们也期望读者朋友们能够通过阅读本书,走进奇妙的植物世界,感受大自然的无穷魅力。

根据截至2018年6月的调查结果，本书共收录中国科大东、西、南、北、中5个校区的维管束植物100科（其中被子植物以恩格勒分类系统为依据，虽然APG分类系统非常新颖，但仍处于探究阶段，系统尚未稳定）、262属、393种（含29种下单位）。其中，蕨类植物3种，裸子植物21种，被子植物369种。本书涵盖了合肥市区90%以上的常见维管束植物。

为了方便广大读者使用本书，我们将393种维管束植物按照乔木和灌木植物、藤本植物、草本植物3个部分介绍。中文名称、学名和科属归类仍然以《中国植物志》（80卷126册，1959~2004）为准，关于新修订的英文版中国植物志（《Flora of China》，正文25卷，图版24卷，1989~2013）对部分植物学名所做的修订，已在“其他”栏目中做出说明，便于有兴趣的读者去考证。由于上一本书中“形态特征”与“识别特征”有部分重复，我们在本书中将其整合为“特征简介”。为满足大家快速查阅植物名称的需要，我们在书末列出了植物中文名称索引（按照观察到的植物中文名的拼音排序）。另外，还在附录中给出了植物学基础知识和植物花期日历（按照植物的始花期月份排序），未记录到始花期的植物仅列出花期月份以供参考。

在编写过程中，我们得到了许多热心朋友的帮助，他们提供了部分植物照片，为答谢他们，已在相应的植物图片中署名。同时，我们还要十分感谢中国科学技术大学副校长杨金龙教授、《中国科大报》编辑部主任杨晓萍老师和中国科大生命科学学院退休教师何守榕老师，他们提供了许多精美和珍贵的校园风景照片。

感谢学校教务处和生命科学学院对本书出版的资助。感谢中国科学技术大学出版社为本书的出版所付出的辛勤汗水。感谢学校绿化部门长期以来为科大校园绿化所做出的辛勤奉献，希望再接再厉，把我们的校园装扮得更加美丽。

最后，今年9月20日，是中国科学技术大学诞辰60周年的纪念日。我和我的学生们，谨以此书向中国科学技术大学60周年献礼！

沈显生

2018年6月8日

目　录//

第1部分　乔木和灌木植物

第2部分　藤本植物

第3部分　草本植物

第1部分

乔木和灌木植物

乔木是指主干明显而直立，
分枝繁盛的木本植物。

植株一般高大，
在距地面较高处分枝形成树冠。

如红杉、桉树和望天树，
可以高达百米以上。

乔木的树龄可达千年以上，
最长寿者具5000年高龄。

灌木是指没有明显主干，
矮小而丛生的木本植物。

如海桐和火棘……

尽管乔木与灌木是木本植物比较稳定的遗传性状，
但两者之间的界线有时不是绝对的。

同草本植物相比，
乔木和灌木因生活史较长，
在种子植物进化中木本习性属于原生的特征。

本部分介绍中国科大校园乔木和灌木植物178种。

苏铁 *Cycas revoluta* Thunb.

科属:苏铁科　苏铁属

别名:铁树、凤尾松

特征简介:常绿木本。树干柱状,不分枝,有螺旋状排列的菱形叶柄残痕。羽状叶长75~120厘米,羽状裂片达100对,条形,厚革质,向上斜展微成“V”字形,边缘向下反卷,先端锐尖。雌雄异株;花序密被黄褐色绒毛;雄球花圆柱形;雌球花序扁球形,大孢子叶羽状裂。种子红色。花期6~7月,种子11月成熟。

利用价值:因株形优美,四季常青,为优良的观赏树种。茎内淀粉可食用;叶和种子可入药。

物种分布:西区图书馆门前有栽培。分布于我国南部地区。

其他:在江淮地区,苏铁需在温室越冬,现因气候变暖和城市热岛效应,偶见露天栽培。

银杏 *Ginkgo biloba* L.

科属:银杏科　银杏属

别名:公孙树、白果

特征简介:落叶乔木,喜光树种。枝近轮生,雄株主枝斜上伸展(雌株主枝常较水平开展)。叶扇形,顶端2裂,叶脉二歧状;叶在一年生长枝上螺旋状散生,在短枝上簇生。球花单性,雌雄异株;雄球花下垂,葇荑花序状,雌球花具长梗,梗端常分两叉,每叉顶生1枚胚珠。花期3~4月,种子9~10月成熟。

利用价值:叶形独特,秋季叶色金黄而美丽,常栽培观赏。种子供食用及药用,肉质外种皮有毒。

物种分布:校园常见。仅浙江天目山有野生。

其他:“银杏”指种子未熟时外被白色蜡粉,像银色的杏子,树名由此而来。种子成熟后呈金黄色。实际上,银杏只有种子,无果实,是裸子植物。为中生代孑遗的稀有树种,我国特有。

火炬松

黑松 *Pinus thunbergii* Parl.

科属:松科　松属

别名:白芽松

特征简介:乔木。冬芽灰白色。针叶2针一束,深绿色,有光泽,粗硬,长6~12厘米。雄球花聚生于新枝下部;雌球花单生或2~3枚聚生于新枝近顶端。球果熟时褐色,圆锥状卵圆形,有短梗,向下弯垂;中部种鳞卵状椭圆形,鳞盾微肥厚,横脊显著,鳞脐微凹,有短刺;种子有翅。花期4~5月,球果翌年10月成熟。

利用价值:因四季常青而用于园林绿化。可作木材,提取树脂。

物种分布:西区第三教学楼旁栽培。原产于日本及朝鲜南部海岸地区。

其他:东区石榴园栽植有火炬松 ***Pinus taeda* L.**,针叶常3针一束,长15~25厘米,粗壮刚硬,三棱形,稍螺旋扭转,叶缘具微细锯齿;树脂道2,中生;叶宿存3~4年。球果腋生,无梗,两个对生,鳞脐延伸成外突的尖刺。速生造林树种,生产木材和树脂。因路面硬化不透气,长势不良,建议校绿化部门对其加强管护。

日本五针松 *Pinus parviflora* Sieb. et Zucc.

科属:松科　松属

别名:日本五须松、五钗松

特征简介:乔木。幼树树皮平滑,一年生枝幼嫩时绿色,后呈黄褐色,密生淡黄色柔毛;冬芽卵圆形。针叶5针一束,微弯曲,长3.5~5.5厘米,直径不到1毫米;叶鞘早落。球果卵圆形或卵状椭圆形,鳞脐凹下。种子为不规则倒卵圆形,近褐色,有翅。花期5月,球果翌年6月成熟。

利用价值:因四季常青而作园林绿化观赏。

物种分布:西区也西湖旁边及东区第五教学楼旁边有栽培。原产于日本。我国长江流域普遍引种栽培。

日本冷杉 *Abies firma* Sieb. et Zucc.

科属:松科　冷杉属

特征简介:常绿乔木。树皮裂成鳞片状。叶条形,长2~3厘米,螺旋状着生,基部扭曲排成两列,叶尖微凹,中脉内凹,叶背具2条气孔带。球果圆柱形,长10~15厘米,成熟时黄褐色或灰褐色,苞鳞外露,先端急尖;种翅较种子为长。花期4~5月,球果成熟期10月。

利用价值:因树姿优美,叶位整齐有序,四季常绿,为优良观赏树种。

物种分布:东区图书馆东侧栽有1棵。原产于日本。我国大部分地区有栽培。

其他:该种自1929年引入上海和南京。校园仅有1棵,建议加强保护和繁育。

雪松 *Cedrus deodara*（Roxb.）G. Don

科属:松科　雪松属

别名:香柏

特征简介:常绿乔木。枝平展。针形叶,在长枝上辐射状伸展,短枝上成簇生状,坚硬,浅绿色或深绿色。雄球花长卵圆形或椭圆状卵圆形,长2~3厘米。球果熟时红褐色,卵圆形或宽椭圆形,有短梗;苞鳞短小;种翅宽大。花期2~3月,球果翌年10月成熟。

利用价值:终年常绿,树形优美,常作园林绿化观赏。可作木材。

物种分布:校园常见行道树。原产于西亚。我国普遍引种栽培。

杉木 *Cunninghamia lanceolata* (Lamb.) Hook.

科属:杉科　杉木属

别名:刺杉、杉

特征简介:常绿乔木。叶在主枝上辐射状伸展,侧枝的叶基部扭转成2列,披针形或条状披针形,通常微弯,呈镰状,革质,有光泽。雄球花圆锥状,通常40余枚簇生于枝顶;雌球花单生或2~3枚集生,绿色。球果卵圆形,熟时苞鳞革质,棕黄色,三角状卵形,先端有坚硬的刺状尖头,边缘有不规则的锯齿。花期4月,球果10月下旬成熟。

利用价值:常作木材。树皮含单宁。

物种分布:东区校史馆附近偶有栽培。分布于我国秦岭至淮河流域以南地区。

其他:"杉"为多音字,作物种名时,读"shān"。

水杉 *Metasequoia glyptostroboides* Hu et Cheng

科属:杉科　水杉属

特征简介:落叶乔木。树干基部常膨大,树皮灰色、灰褐色,树冠尖塔形。叶条形,幼时绿色,排成2列,叶和种鳞均对生;侧生小枝连叶于冬季脱落。球果的种鳞盾形,木质,中央有一条横槽;种子扁平,周围有翅。花期2月下旬,球果11月成熟。

利用价值:因树姿优美,环境适应性强,现广泛用于园林绿化。可作木材。

物种分布:校园常见。湖北利川、湖南龙山等地有野生。为我国特有的古老珍贵树种。

池杉 *Taxodium ascendens* Brongn.

科属：杉科　落羽杉属

特征简介：落叶乔木。树干基部膨大，树皮褐色，纵裂，枝条向上伸展，树冠呈圆锥形。叶钻形，在枝上螺旋状伸展。球果圆球形，熟时褐黄色。花期3~4月，球果10月成熟。

利用价值：耐水湿，可用作低湿地的造林树种或作庭院树。可作木材。

物种分布：多见于西区也西湖中，东区偶见栽培。原产于北美洲东南部。

其他：秋冬季节叶变为橙黄色，极具观赏价值。《Flora of China》将池杉修订为落羽杉的变种，学名为 *Taxodium distichum* (L.) Rich. var. *imbricatum* (Nutt.) Croom。

圆柏 *Sabina chinensis* (L.) Ant.

科属：柏科　圆柏属

龙柏

特征简介：叶两型，深绿色；刺叶常3叶轮生，排列疏松；鳞叶交互对生或3叶轮生。雌雄异株。球果近圆球形，翌年成熟。

利用价值：材质优良，坚硬耐腐；也可绿化观赏。

物种分布：东区眼镜湖边和图书馆附近有栽培。分布于我国大部分地区。

其他：圆柏的栽培品种较多，有龙柏、铺地龙柏、球柏、金球桧、金叶桧、鹿角桧、塔柏（以刺叶为主）等。**龙柏 *Sabina chinensis* (L.) Ant. cv. 'Kaizuca'**，叶全部为鳞叶，偶有针叶，雌株的枝条呈右旋盘绕，树冠塔形，故称龙柏。雄株枝条平伸。为绿化常用树种，校园常见。《Flora of China》已经将圆柏修订到刺柏属，学名为 *Juniperus chinensis* L.。同样，龙柏的学名修订为 *Juniperus chinensis* L. cv. 'Kaizuca'。

铺地柏 *Sabina procumbens* (Endl.) Iwzta et Kusaka

科属：柏科　圆柏属

翠柏

特征简介：常绿匍匐灌木。枝条沿地面扩展，密生小枝。刺形叶，3叶交叉轮生，条状披针形，先端渐尖成角质的锐尖头，基部具2白点。球果近球形，被白粉，成熟时黑色，直径8~9毫米；有2~3粒种子，长约4毫米，有棱脊。

利用价值：栽培作观赏树。

物种分布：西区第三教学楼水池边和图书馆前花坛有栽培。原产于日本。

其他：《Flora of China》将铺地柏的学名修订为 *Juniperus procumbens* (Sieb. ex Endl.) Miq.，为刺柏属。西区第三教学楼旁栽培有**翠柏(粉柏) *Sabina squamata* (Buch.-Ham.) Ant. cv. 'Meyeri'**，为高山柏的栽培品种，主要特征是叶全为刺形，3叶轮生，被白粉，第二年变为蓝绿色，故称翠柏。《Flora of China》将其学名修订为 *Juniperus squamata* Buch.-Ham. ex D. Don cv. 'Meyeri'。

北美圆柏 *Sabina virginiana* (L.) Ant.

科属：柏科　圆柏属

形态特征：常绿小乔木，树冠塔形，枝直立或斜展。叶两型，鳞叶等大紧贴小枝，交替对生，因鳞叶具背脊，具腺体，小枝呈四棱形；常见刺叶，3叶轮生。球果近圆球形，蓝绿色，具白粉，当年成熟。

利用价值：园林绿化。

物种分布：校园常见栽培。原产于北美。

其他：《Flora of China》将北美圆柏的学名修订为 *Juniperus virginiana* L.，是林奈在1753年首次发表的。而 *Sabina virginiana* (L.) Ant. 是由Antoine于1857年修订的组合名。东区老图书馆门前栽培有**刺柏 *Juniperus formosana* Hayata**，为刺柏属，整株全部为刺叶，3叶轮生，先端尖锐，叶基部不下延；中脉绿色而隆起，两侧各有1条白色气孔带，较绿色的边带宽；叶背面深绿色而光亮，具纵脊。球果顶端具3条皱纹和三角形钝尖突起。材质优良，坚硬耐腐；也可绿化观赏。为我国特有种。

刺柏

美国香柏 *Thuja occidentalis* L.

科属：柏科　崖柏属

特征简介：常绿乔木。树皮红褐色，裂成鳞状破片脱落，树冠塔形。当年生小枝扁平，2~3年后逐渐变成圆柱形，揉碎具浓香味。叶鳞形，先端钝尖，具腺点。球果长椭圆形，种鳞6~8对，黄褐色。花期3~4月，球果10月成熟。

利用价值：因树形优美挺拔，四季常青，可净化空气，为绿化观赏的极品。木材耐腐，树枝可提炼柏油。

物种分布：东区四牌楼路北侧多有栽培。原产于北美。我国华东地区有栽培。园艺品种较多。

雌球花放大10倍

雄球花放大10倍

侧柏 *Platycladus orientalis*（L.）Franco

科属：柏科　侧柏属

别名：扁柏

特征简介：常绿乔木。生鳞叶的小枝细，向上直展或斜升，扁平，排成一平面。叶鳞形，小枝中央的叶的露出部分呈倒卵状菱形或斜方形。雄球花黄色，卵圆形，长约2毫米；雌球花近球形，蓝绿色，被白粉。球果近卵圆形，成熟后木质，开裂，红褐色；种子卵圆形或近椭圆形，灰褐色或紫褐色。花期3~4月，球果10月成熟。

利用价值：常绿化栽培。可入药，也可作木材。

物种分布：校园常见行道树。分布于我国大部分地区。

柏木 *Cupressus funebris* Endl.

科属:柏科　柏木属

别名:柏、柏树

特征简介:常绿乔木。小枝细长下垂,生鳞叶的小枝扁平,排成一平面。鳞叶先端尖,中间的叶背部有条状腺点,两侧的叶对折,背部有棱脊。球果圆球形,直径8~12毫米,熟时暗褐色。花期3~5月,球果次年5~6月成熟。

利用价值:树形优美,为优良绿化树种。材质优良。枝叶可提芳香油,并可入药。

物种分布:东区老图书馆周围有栽培。为我国特有树种,分布于中部和西南等地。

枝条放大8倍

雄球花放大10倍

球果放大8倍

日本花柏 *Chamaecyparis pisifera* (Sieb. et Zucc.) Endl.

科属:柏科　扁柏属

特征简介:常绿乔木。树皮红褐色,裂成条状薄片脱落。小枝条扁平,排成一平面。鳞叶交替对生,先端锐尖,叶背基部密被白粉。球果圆球形,直径约6毫米,熟时暗褐色。花期4月,球果深秋成熟。

利用价值:四季常青,为优良观赏树种。

物种分布:东区石榴园凉亭旁有栽培。原产日本。我国部分地区有栽培。

枝条放大8倍

雌球果放大8倍

罗汉松 *Podocarpus macrophyllus* (Thunb.) D. Don

科属: 罗汉松科　罗汉松属

别名: 罗汉杉

特征简介: 常绿小乔木。叶螺旋状着生,条状披针形,微弯,上面深绿色,有光泽,下面带白色、灰绿色或淡绿色。雄球花穗状、腋生,常3~5枚簇生于极短的总梗上;雌球花单生叶腋,有梗。种子先端圆,熟时肉质假种皮紫黑色,有白粉,种托肉质圆柱形,红色或紫红色。花期4~5月,种子8~9月成熟。

利用价值: 常栽培作庭园观赏树。可作木材,种子、树皮、根皮可入药。

物种分布: 校园零散分布,西区第三教学楼附近较多。分布于长江以南等地。

其他: 因红色肉质种托似罗汉的袈裟,种子似罗汉的光脑袋,故名"罗汉松"。

垂柳 *Salix babylonica* L.

科属: 杨柳科　柳属

别名: 水柳、垂丝柳

特征简介: 落叶乔木,树冠开展而疏散。枝细弱,下垂,淡褐黄色,无毛。叶狭披针形或线状披针形,上面绿色,下面色较淡,具细锯齿。花序先叶开放,或与叶同时开放;雄花序有短梗,雄蕊2枚;雌花序长2~3厘米,有梗。蒴果。花期3月,果期4~5月。

利用价值: 因树形优美,故可作绿化树种。可作木材。枝条可编筐,树皮含鞣质,可提制栲胶,叶可作饲料。

物种分布: 校园内常见。分布于长江流域与黄河流域。

其他: 种子上附着白色絮状物,因此种子成熟后可随风飞散如絮,即"柳絮"。"碧玉妆成一树高,万条垂下绿丝绦",形容的就是春天的垂柳。此外,东区第一教学楼南侧有一株柳属的落叶大乔木——**腺柳** ***S. chaenomeloides*** **Kim.**,俗名"河柳",叶卵状椭圆形,幼叶具圆形托叶,早落;叶柄顶端和叶缘齿端具腺体;雄蕊常6枚。花果期3~5月。

加杨 *Populus × canadensis* Moench

科属: 杨柳科　杨属

别名: 加拿大杨

特征简介: 落叶大乔木。叶三角形或三角状卵形,先端渐尖,基部截形或宽楔形,无或有1~2枚腺体,有圆锯齿,近基部较疏,具短缘毛;叶柄侧扁而长。雄花序长7~15厘米,花序轴光滑,每花有雄蕊15~25(~40)枚;苞片淡绿褐色,不整齐,丝状深裂,花盘淡黄绿色,全缘;雌花序有花45~50朵,柱头4裂。果序长20~25厘米;蒴果卵圆形,2~3瓣裂。花期4月,果期5~6月。

利用价值: 可作行道树,但因春夏之交杨絮飞扬,建议少栽。可作木材。树皮含鞣质,可提制栲胶,也可作黄色染料。

物种分布: 西区东北角、东区东门附近、南区有栽培。我国各地均有引种栽培。

枫杨 *Pterocarya stenoptera* C. DC.

科属: 胡桃科　枫杨属

别名: 苍蝇树

特征简介: 落叶乔木。叶常偶数羽状复叶,互生,叶轴具翅至翅不甚发达,小叶无柄,长椭圆形。花单性,雌雄同株;雄性葇荑花序腋生,雌性葇荑花序顶生。雌花几乎无梗。果序长20~30厘米;果翅狭,条形或阔条形。花期3月,果熟期8~9月。

利用价值: 现广泛栽植作园庭树或行道树。果实可作饲料,也可酿酒,种子可榨油。树皮和枝皮含鞣质,可提取栲胶,亦可作纤维原料。

物种分布: 东区和西区常见。分布于华中、华东和西南各地。

其他: 因果实有两翼,形似苍蝇,故俗称"苍蝇树"。

美国山核桃 *Carya illinoensis* (Wangenh.) K. Koch

科属：胡桃科　山核桃属

别名：薄壳山核桃

特征简介：落叶乔木。树皮粗糙、纵裂。奇数羽状复叶。雄柔荑花序几无总梗；雌穗状花序具2~6枚雌花。果实矩圆形，外果皮薄，具4棱，裂成4瓣，内果皮骨质光滑。花期5月，果9~11月成熟。

利用价值：果仁含油脂，可食。

物种分布：东区眼镜湖旁有栽培。原产北美洲。

麻栎 *Quercus acutissima* Carr.

科属：壳斗科　栎属

特征简介：落叶乔木。叶片长椭圆状披针形，先端渐尖，基部圆形或宽楔形，羽状脉直达叶缘凸出呈芒状锯齿，叶片两面同色。雄花序常数个集生于当年生枝下部叶腋；总苞碗形，直径1.5~2.2厘米；苞片钻形，反曲；坚果卵状球形；果脐隆起。花期3月下旬至4月，果实次年10月成熟。

利用价值：木材坚硬。叶可养殖柞蚕。果实含淀粉，可食用。

物种分布：郭沫若广场东南侧有栽培。分布于我国大部分地区。

榆树 *Ulmus pumila* L.

科属：榆科　榆属

别名：白榆、榆

特征简介：落叶乔木。树皮暗褐色，纵裂。叶椭圆状卵形至椭圆状披针形，先端渐尖，基部通常歪斜，边缘具锯齿。花先叶开放，花序成簇状着生。翅果近圆形。花期3月，果期4月中下旬。

利用价值：幼嫩翅果与面粉混拌可蒸食。木材优良。

物种分布：东区第一教学楼南侧、西区二里河岸边等地有栽培。分布于我国东北、华北、西北及西南各地。

其他：东区第一教学楼南侧、东区食堂旁边等地栽培有**榔榆** ***U. parvifolia*** **Jacq.**，落叶小乔木。树皮不规则鳞片状剥落。花期秋季。翅果的翅较狭而厚。木材坚硬。分布于我国部分地区。

榔榆

（黄丽华摄）

榆树的花序放大8倍

朴树 *Celtis sinensis* Pers.

科属：榆科　朴属

别名：黄果朴、小叶朴

特征简介：落叶乔木。树皮平滑，灰色；一年生枝被密毛。叶互生，叶柄长；叶片革质，宽卵形至狭卵形，基部偏斜，中部以上边缘有浅锯齿，三出脉，上面无毛，下面沿脉及脉腋疏被毛。花杂性（两性花和单性花同株），生于当年枝的叶腋。果柄较叶柄近等长；核果单生或2枚并生，近球形，熟时红褐色；果核有穴和突肋。花期4月，果期10月。

利用价值：栽培观赏。

物种分布：西区第三教学楼附近、东区老图书馆南侧均有栽培。分布于山东、河南以及长江以南等地。

其他：“朴”读“pò”。

桑 *Morus alba* L.

科属：桑科　桑属
别名：家桑

特征简介：落叶木本。单叶，互生，卵形，长5~15厘米，宽5~12厘米，边缘锯齿粗钝，有时叶为各种分裂；托叶早落。花单性；雄花序下垂；雌花序长1~2厘米。聚花果卵状椭圆形，长1~2.5厘米，成熟时红色或暗紫色。花期3~4月，果期5~8月。
利用价值：桑葚可生食、酿酒，根皮、果实及枝条入药。叶为养蚕的主要饲料。
物种分布：东区老图书馆附近和西区第三教学楼南部有栽培。原产于我国中部、北部地区。

无花果 *Ficus carica* L.

科属：桑科　榕属

特征简介：落叶灌木。叶互生，厚纸质，通常3~5裂，小裂片卵形，叶缘具不规则钝齿，表面粗糙，基部浅心形。雌雄同株；榕果单生叶腋，梨形，直径3~5厘米，顶部下陷，成熟时紫红色或黄色。花期5~7月，果期8~10月。
利用价值：因叶形优美，可供庭园观赏。榕果味甜可食或作蜜饯，又可作药用。
物种分布：东区东门附近有栽培。原产于地中海沿岸。

特征简介:乔木,具乳汁。叶互生,广卵形,基部心形,叶缘具粗锯齿,两面被毛;托叶大。花雌雄异株;雄花序为葇荑花序,雄蕊4枚;雌花序球形头状。聚花果成熟时橙红色,肉质。花期4~5月,果期6~7月。

利用价值:韧皮纤维可作造纸原料,楮实子(果实)及根、皮可供药用。

物种分布:东区第二教学楼附近及西区二里河附近等地有少量野生。分布于我国南北各地。

十大功劳 *Mahonia fortunei* (Lindl.) Fedde

科属:小檗科　十大功劳属

别名:刺黄柏、黄天竹

特征简介:常绿灌木。羽状复叶倒卵形至倒卵状披针形,具2~5对小叶;小叶狭披针形至狭椭圆形,长4.5~14厘米,宽1厘米,基部楔形,叶缘每边具5~10枚刺齿,先端渐尖。总状花序4~10枚簇生;花黄色;萼片3轮,9枚;花瓣2轮,6枚;雄蕊6枚。浆果球形,紫黑色,被白粉。花期10月,果期10~11月。

利用价值:可作庭院观赏。全株可供药用,有清热解毒、滋阴强壮之功效。

物种分布:校园常见栽培。华东、华南等地有野生。

其他:东区眼镜湖、东区家属区栽培有**阔叶十大功劳** ***Mahonia bealei*** **(Fort.) Carr.**,奇数羽状复叶,互生,小叶4~10对;卵形,厚革质,叶缘上部具3~5枚尖齿。总状花序直立,通常3~9枚簇生;花黄色;花瓣倒卵状椭圆形,先端微缺。浆果卵形,深蓝色,被白粉。花期2~3月,果期3~5月。因四季常绿,叶形奇特,故可供观赏。分布于秦岭至长江流域等地。

阔叶十大功劳

南天竹 *Nandina domestica* Thunb.

科属：小檗科　南天竹属

别名：观音竹、南天烛

特征简介：常绿小灌木。茎光滑，幼枝常为红色。叶互生，集生于茎的上部，三回羽状复叶；二至三回羽片对生；小叶薄革质，冬季变红色，近无柄。圆锥花序直立；花小，白色，具芳香；萼片多轮；花瓣6枚，长圆形；雄蕊6枚。浆果球形，熟时鲜红色。花期5~6月，果期8~12月。

利用价值：因四季常绿，叶色美丽，为优良的庭园观赏植物。根、叶具有强筋活络等功效，果为镇咳药，但有毒。

物种分布：校园常见栽培植物。分布于中国和日本。

日本小檗 *Berberis thunbergii* DC.

科属：小檗科　小檗属

特征简介：落叶灌木。茎刺单一。叶薄纸质，倒卵形、匙形或菱状卵形，全缘，紫红色。花2~5朵组成具总梗的伞形花序，或近簇生的伞形花序，或无总梗而呈簇生状。小苞片卵状披针形，带红色；花黄色，花瓣长圆状倒卵形。浆果亮鲜红色。花期3~4月，果期7~10月。

利用价值：叶色独特，常用作庭园观赏及绿化。根和茎含小檗碱，可提取作黄连素原料，根皮可作健胃剂。茎皮可作黄色染料。

物种分布：西区研究生公寓附近有栽培。分布于我国东北、华北及秦岭。日本也有分布。

其他：校内栽培的为日本小檗的栽培变种“紫叶小檗”。檗读“bò”。

紫玉兰 *Magnolia liliflora* Desr.

科属:木兰科　木兰属

别名:辛夷

特征简介:落叶灌木。单叶,互生,托叶早落,留下环状托叶痕。花先叶开放,稍有香气;花被片9~12枚,外轮3枚萼片状,紫绿色,常早落,内两轮肉质,外面紫色或紫红色,内面带白色,花瓣状,椭圆状倒卵形。聚合果深紫褐色,成熟蓇葖顶端具短喙。花期3~4月,果期8~9月。

利用价值:花色艳丽,可供栽培观赏。树皮、叶、花蕾均可入药。

物种分布:校园常见。分布于福建、湖北和四川等地。

其他:《Flora of China》将其修订为玉兰属,学名为 *Yulania liliflora* (Desr.) D. L. Fu。

玉兰 *Magnolia denudata* Desr.

科属:木兰科　木兰属

别名:木兰、白玉兰

特征简介:落叶乔木。叶纸质,倒卵形、宽倒卵形或倒卵状椭圆形,先端具短突尖,中部以下渐狭成楔形,叶上面深绿色,下面浅绿色。花先叶开放,直立,芳香;花被片9枚,白色,基部常带粉红色,近相似,长圆状倒卵形;雌蕊狭卵形。聚合果圆柱形,蓇葖厚木质。花期2~3月(亦常于7~9月再开一次花),果期8~9月。

利用价值:为驰名中外的庭园观赏树种。花被片可食用,花蕾可入药。可作木材。种子榨油供工业用。

物种分布:校园常见早春开花植物。全国各大城市广泛栽培。

其他:中区理化科学实验中心旁边栽培有**飞黄玉兰 *Magnolia denudata* cv. ‘Feihuang’**,花被片为鲜艳的黄白色。花期3月下旬至4月,果期9月。因花大而美丽,可供观赏。我国大部分地区有栽培。飞黄玉兰是玉兰的芽变品种。《Flora of China》将玉兰修订为玉兰属,学名为 *Yulania denudata* (Desr.) D. L. Fu。

飞黄玉兰

二乔木兰 *Magnolia soulangeana* Soul.-Bod.

科属：木兰科　木兰属

别名：二乔玉兰

特征简介：落叶小乔木。叶倒卵形，先端短急尖，基部楔形。花先叶开放，花被片6~9枚，外轮3枚常较短或与内轮近等长，外面紫红色或红色，里面色较浅。聚合果蓇葖卵形或倒卵形，熟时黑色。花期3~4月，果熟期9月。

利用价值：因花大而美丽，可供观赏。

物种分布：西区栽培较多，东区第二教学楼附近也有栽培。全国各地均有栽培。

其他：该种为玉兰与紫玉兰的杂交种。《Flora of China》将其修订为玉兰属，学名为 *Yulania soulangeana* (Soul.-Bod.) D. L. Fu。

黄山木兰 *Magnolia cylindrica* Wils.

科属：木兰科　木兰属

天目木兰

特征简介：落叶小乔木。嫩枝被淡黄色平伏毛；花先叶开放，花被片9枚，外轮3枚常萼片状，内两轮白色，基部常红色。聚合果圆柱形，不弯曲。花期3月中旬，果期9月。

利用价值：因花大而美丽，可供观赏。

物种分布：西区研究生食堂西侧有栽培。分布于华东地区和湖北西南部。

其他：《Flora of China》将其修订为玉兰属，学名为 *Yulania cylindrica* (E. H. Wilson) D. L. Fu。西区研究生食堂附近栽培有**天目木兰 *Magnolia amoena* Cheng**，叶宽倒披针形，倒披针状椭圆形，先端渐尖或骤狭尾状尖，基部阔楔形或圆，上面无毛。花先叶开放，红色或淡红色，芳香；花被片9枚，倒披针形或匙形。聚合果圆柱形，弯曲。花期2~3月，果期9~10月。因花美丽而芳香，可供栽培观赏。分布于浙江天目山等地。《Flora of China》将其修订为玉兰属，学名为 *Yulania amoena* (W. C. Cheng) D. L. Fu。

荷花玉兰 *Magnolia grandiflora* L.

科属：木兰科　木兰属

别名：洋玉兰、广玉兰

特征简介：常绿乔木。小枝、芽、叶下面及叶柄均密被褐色或灰褐色短绒毛。叶互生，厚革质，常椭圆形，叶面深绿色，有光泽。花大，白色，直径15~20厘米；花被片9~12枚。花丝扁平，紫色。聚合果圆柱状长圆形；蓇葖背裂，顶端外侧具长喙；种子外种皮红色。花期5~6月，果期9~10月。

利用价值：花大而美丽，为优良的庭园绿化观赏树种。叶、幼枝和花可提取芳香油，叶可入药。可作木材。

物种分布：校园常见行道树。原产于北美洲南部。我国长江流域以南各城市有栽培。

其他：1984年，荷花玉兰（广玉兰）被定为合肥市市树。

厚朴 *Magnolia officinalis* Rehd. et Wils.

科属：木兰科　木兰属

特征简介：落叶乔木。叶互生，7~9枚聚生于枝端，长25~40厘米，长圆状倒卵形顶钝圆，或凹缺状浅裂。花叶后开放或同时开放，白色，芳香；花被片9~12枚，厚肉质，外轮3枚淡绿色，盛开时常向外反卷，内两轮直立。聚合果长椭圆形，蓇葖果喙长3~4毫米。花期4月，果期8~10月。

利用价值：叶大荫浓，花大美丽，可作绿化观赏树种。可作木材。种子可榨油，可制肥皂。

物种分布：西区第三教学楼北侧有栽培。分布于西北、西南、华北、华中地区。

其他：东区石榴园内、化学实验楼前栽培有凹叶厚朴 ***Magnolia officinalis*** **Rehd. et Wils. subsp. *biloba*（Rehd. et Wils.）Law**，叶先端凹缺，成2钝圆的浅裂片。花期4~5月，果期8~10月。用途同厚朴。分布于华东、华南地区。《Flora of China》将厚朴修订为厚朴属，学名为 *Houpoëa officinalis*（Rehd. et E. H. Wilson）N. H. Xia et C. Y. Wu，同时，第7卷合并了凹叶厚朴亚种。

凹叶厚朴

鹅掌楸 *Liriodendron chinense* (Hemsl.) Sarg.

科属：木兰科　鹅掌楸属
别名：马褂木

特征简介：乔木。高达40米，胸径1米以上，小枝灰色或灰褐色。叶互生，马褂状，近基部每边具1枚裂片，先端具2浅裂，下面苍白色。花杯状，花被片9枚，外轮3枚绿色，内两轮6片，直立，花瓣状、倒卵形，绿色，具黄色纵条纹，心皮黄绿色。聚合果，小坚果具翅。花期4月，果期9~10月。

利用价值：树形高大，叶形奇特，可作观叶植物、行道树。叶和树皮入药。可作木材。

物种分布：东区石榴园、学生宿舍区和南区有栽培。分布于秦岭以南地区。

其他：由于叶呈马褂状，形状奇特，故俗名马褂木。世界最珍贵的濒危树种之一。

其他：南区大量栽培有**杂交鹅掌楸** ***Liriodendron chinense × tulipifera***，叶近基部裂片具1枚齿，叶下面无白粉点；花被片长4~6厘米，两面近基部具不规则的橙黄色带。其余同鹅掌楸。因叶形奇特，花大而美丽，可作观赏植物。为鹅掌楸与北美鹅掌楸的杂交种。

（陈江峰摄）

杂交鹅掌楸

含笑花 *Michelia figo* (Lour.) Spreng.

科属：木兰科　含笑属
别名：含笑

特征简介：常绿灌木。芽、嫩枝、叶柄、花梗均密被黄褐色绒毛。单叶，互生，革质，椭圆形。单花生于叶腋，花直立，具甜浓的芳香，花被片6枚，肉质，较肥厚，长椭圆形。聚合果，蓇葖圆形或球形，顶端有短尖的喙。花期3~5月，果期7~8月。

利用价值：因四季常绿，花美而芳香，常作观赏植物。花瓣可拌入茶叶制成花茶、提取芳香油等。

物种分布：西区常见栽培。原产于华南南部各地。

其他：本种花开放时，含蕾不尽开，故称“含笑花”。

乐昌含笑 *Michelia chapensis* Dandy

科属：木兰科　含笑属

特征简介：常绿乔木。叶互生，薄革质，倒卵形或长圆状倒卵形，先端骤狭短渐尖；叶柄无托叶痕。花梗被平伏灰色微柔毛，具2~5苞片脱落痕；花被片6枚，2轮，外轮倒卵状椭圆形，内轮较狭，淡黄色，芳香。聚合果长约10厘米；种子红色。花期3月下旬至4月，果期8~9月。

利用价值：因树干挺拔，花香醉人，可供绿化观赏。

物种分布：南区体育馆西侧有栽培。分布于我国华东、华南地区。

其他：该种是1929年由英国植物学家J. E. Dandy在乐昌市发现的，并因此而得名。东区西门北侧栽培有深山含笑 ***Michelia maudiae* Dunn**，全株各部分光滑无毛；芽、幼枝、叶下面均被白粉。叶互生，革质，长椭圆形，叶柄无托叶痕。花单生枝梢叶腋；花被片9枚，排列成3轮，白色，芳香。聚合果，蓇葖果先端有短尖头；种子红色。花期2~3月，果期9~11月。树形端直，叶色浓郁，花白如玉，为优良观赏树种。可作木材。分布于我国华东、华南地区。

深山含笑

蜡梅 *Chimonanthus praecox* (L.) Link.

科属：蜡梅科　蜡梅属

别名：黄蜡梅、雪里花

特征简介：落叶灌木。叶对生，近革质，卵状披针形，长7~15厘米，先端渐尖。花芳香，外部花被片卵状椭圆形，黄色，内部的较短，有紫色条纹；雄蕊5~6枚。果托随果实的发育而增大，成熟时椭圆形，呈蒴果状，半木质化，口部收缩。花期12月至翌年2月。

物种分布：校园常见栽培植物。我国特产。

其他：蜡梅并非通常泛指的梅花（蔷薇科）。也写作“腊梅”，指冬天开花；“蜡梅”指花被蜡质。现两者通用。有诗赞曰：“试问清香谁第一，蜡梅花冠百花香。”

樟 *Cinnamomum camphora* (L.) Presl.

科属：樟科　樟属

别名：香樟、油樟、樟木

特征简介：常绿大乔木。树冠广卵形；树皮黄褐色，有不规则纵裂。叶互生，卵状椭圆形，具离基三出脉。侧脉及支脉脉腋上面明显隆起，下面有明显腺窝。圆锥花序腋生，具梗，花绿白或带黄色；雄蕊4轮，能育雄蕊9枚，排列成3轮；退化雄蕊3枚，位于最内轮。果实紫黑色；果托杯状。花期4~5月，果期8~11月。

利用价值：因四季常绿，常作绿化植物。根、枝、叶可提取樟脑和樟油，也可入药。可作木材。

物种分布：校园常见行道树。分布于华南及西南各地。

海桐 *Pittosporum tobira* (Thunb.) Ait.

科属：海桐花科　海桐花属

特征简介：常绿灌木或小乔木。叶聚生于枝顶，革质，倒卵形，具光泽。伞形花序或伞房状伞形花序顶生或近顶生。花白色，有芳香，花瓣倒披针形。蒴果圆球形，有棱或呈三角形，3瓣裂，果瓣木质，种子多数，鲜红色。花期4月，果期9~10月。

利用价值：因四季常绿，花美而芳香，可作观叶、观花植物。

物种分布：校园常见，常修剪成球形。国内多栽培观赏。

北美枫香

枫香树 *Liquidambar formosana* Hance

科属：金缕梅科　枫香树属

特征简介：落叶乔木。叶薄革质，阔卵形，掌状3裂，中央裂片较长，先端尾状渐尖，基部心形，托叶线形，早落。雄性短穗状花序常多个排成总状。雌性头状花序有花24~43朵，萼齿4~7枚，针形，花柱先端常卷曲。头状果序圆球形，木质，有宿存花柱及针刺状萼齿。花期3~4月，果期9~10月。

利用价值：秋季叶片变黄，极具观赏价值，为绿化观赏树种。可作木材。树脂、根、叶及果实可入药。

物种分布：东区有栽培。分布于我国秦岭及淮河以南各地。

其他：东区北门新栽植有枫香属的**北美枫香*L. styraciflua* L.**，叶互生，具长柄，叶片掌状5裂，基出脉5条，叶缘具尖锐且不等大小的锯齿，齿端具腺体。球状果序上宿存的柱头肉质粗壮。秋季叶变黄色或红色，为观叶的绿化植物。原产于北美洲。

蚊母树 *Distylium racemosum* Sieb. et Zucc.

科属：金缕梅科　蚊母树属

特征简介：常绿灌木。叶革质，椭圆形，具光泽。托叶细小，早落。总状花序无毛。花雌雄同序，雌花位于花序的顶端；雄蕊5~6枚，花药红色。蒴果卵圆形，上半部两瓣裂，每瓣2浅裂。花期3~4月，果期8~10月。

利用价值：栽培观赏。

物种分布：西区东门附近和也西湖附近有栽培。分布于华东和华南各地。

其他：因蚊母树叶片易受某类昆虫寄生产卵而形成"虫瘿"(植物受虫害或真菌的侵害而形成的瘤状物)，羽化后的幼虫飞入天空，因而得名"蚊母树"。

红花檵木 *Loropetalum chinense* (R. Br.) Oliv. *var. rubrum* Yieh

科属：金缕梅科　檵木属

特征简介：灌木。多分枝，小枝有星毛。叶革质，卵形，下面被星毛，全缘；叶柄长2~5毫米，有星毛；托叶膜质早落。花3~8朵簇生，有短花梗，红色，比新叶先开放，或与嫩叶同时开放。萼筒杯状，被星状绒毛，花后脱落；花瓣4枚，带状，长1~2厘米；雄蕊4枚；退化雄蕊4枚，与雄蕊互生；子房下位，被星毛。蒴果卵圆形，被褐色星状绒毛。花期3~4月。

利用价值：可供栽培观赏。叶用于止血，根及叶用于跌打损伤。

物种分布：校园常见栽培。分布于湖南长沙岳麓山。现各地栽培。

其他：檵读"jì"，红花檵木为檵木的红花变种。

杜仲 *Eucommia ulmoides* Oliver

科属：杜仲科　杜仲属

别名：扯丝皮、棉树

特征简介：落叶乔木。单叶，互生具羽状脉，边缘有锯齿，具柄，无托叶。雌雄异株，无花被，先叶开放，或与新叶同时从鳞芽长出；雄花簇生，有短柄，具小苞片；雄蕊5~10枚；雌花单生于小枝下部，有苞片，具短花梗。果不开裂，扁平，长椭圆形的翅果先端2裂，果皮薄革质，果梗极短；种子1粒。早春开花，秋后果实成熟。

利用价值：园林绿化树木。可作木材。树皮药用，树皮分泌的硬橡胶可作工业原料。

物种分布：东区篮球场旁、西区二里河北部草坪有栽培。分布于华中、华西、西南及西北各地，现广泛栽培。杜仲科仅1属1种，我国特有。

其他：叶片撕开后有胶状白丝相连。

二球悬铃木 *Platanus acerifolia* (Ait.) Willd.

科属:悬铃木科　悬铃木属

别名:梧桐、法国梧桐

特征简介:落叶大乔木,树皮光滑,大片块状脱落。叶阔卵形,上部掌状5裂,有时7裂或3裂;中央裂片阔三角形;裂片全缘或有1~2枚粗大锯齿;叶柄基部鞘状套在芽外。果枝有头状果序1~2枚,稀3枚,常下垂。花期4~5月,果期9~11月。

利用价值:栽培观赏,作行道树。

物种分布:东区常见。各地广泛栽培。

其他:本种是三球悬铃木与一球悬铃木的杂交种。虽然俗名为"梧桐",并不是梧桐科"梧桐"的近亲。头状果序似悬挂的铃铛,故名"悬铃木"。此外,西区操场东侧、东区第一教学楼北面少量栽培有**一球悬铃木** ***Platanus occidentalis*** **L.**,其也称为"美国梧桐",树皮碎裂而不脱落。叶大,通常3浅裂。头状果序圆球形,单生。花期4~5月,果期9~12月。可栽培观赏,作行道树。原产于北美洲,现被广泛引种。

一球悬铃木

牡丹 *Paeonia suffruticosa* Andr.

科属：芍药科　芍药属

形态特征：落叶灌木或半灌木。复叶的顶生小叶2~3浅裂，叶片背面常具白粉。单花生于枝顶；花盘发达，革质，全包住心皮，密生黄色柔毛。花期4月。

利用价值：栽培历史悠久，极具观赏价值。根皮称丹皮，可入药。

物种分布：东区和南区家属区常有栽培，南区有两株牡丹高达2米。长江流域以北地区常见栽培。

其他：牡丹为花中之王，在我国十大名花中位居第二，素有“国色天香”之誉。刘禹锡诗曰：“唯有牡丹真国色，花开时节动京城。”但牡丹也非常娇贵，据《群芳谱》介绍，它最忌麝香、桐油和生漆，一着其味，即时萎落。另外，暑天忌浇灌，花期禁秽人触摸。

野蔷薇 *Rosa multiflora* Thunb.

科属：蔷薇科　蔷薇属

别名：多花蔷薇

特征简介：攀援灌木。小枝有皮刺。小叶5~9枚，近花序的小叶有时3枚，边缘有尖锐单锯齿，稀混有重锯齿；托叶篦齿状，大部贴生于叶柄。花多朵，排成圆锥状花序，有时基部有篦齿状小苞片；花瓣白色，宽倒卵形，先端微凹，基部楔形；花柱结合成束，无毛，比雄蕊稍长。果近球形，红褐色或紫褐色，有光泽，无毛，萼片脱落。花期4月，果期8~10月。

利用价值：因花多而美丽，可供观赏。

物种分布：校园常见栽培。分布于华北、华东、华中、西南等地。各地广泛栽培。

其他：校内常见栽培变种为七姊妹 ***R. multiflora*** **Thunb. var.** ***carnea*** **Thory**，为重瓣变种，粉红色。

七姊妹

月季花 *Rosa chinensis* Jacq.

科属：蔷薇科　蔷薇属

别名：月月红

特征简介：直立灌木。小叶3~5枚，稀7枚，基部近圆形或宽楔形，边缘有锐锯齿，上面暗绿色，常带光泽，托叶大部贴生于叶柄，仅顶端分离部分成耳状，边缘常有腺毛。花几朵集生，直径4~5厘米；萼片先端尾状渐尖，有时呈叶状，边缘常有羽状裂片，稀全缘，外面无毛，内面密被长柔毛；花瓣重瓣至半重瓣，红色、粉红色至白色，倒卵形，先端有凹缺，基部楔形。果红色，萼片脱落。花期4~9月，果期6~11月。

利用价值：因花大而美丽，可供观赏。花、根、叶均入药。

物种分布：校园常见。全国各地均有栽培。

其他：月季原产中国，有极多的栽培品种，为我国十大名花之一。“只道花无十日红，此花无日不春风。”宋代诗人杨万里的《腊前月季》正写出了月季花期长，几近全年可见花开的特点。

大岛樱 *Cassia floribunda* Cav. Descr.

科属：蔷薇科　樱属

特征简介：落叶乔木。叶互生，常卵形，先端渐尖，叶缘具重锯齿，叶柄先端有腺体；托叶裂呈线形，边缘有小腺齿。花叶同期；花序伞房状；总花序梗明显，基部有大型的绿色盾状苞片，花梗长，无毛；萼筒长钟形，无毛，萼片披针形，花时不反折，边缘有锯齿；花白色，单瓣，先端内凹。核果黑色，球形。花期3月下旬~4月初，果期5~6月。

利用价值：栽培观赏。

物种分布：东区老北门东北侧有栽培。原产日本伊豆半岛。我国华东、华北等地有栽培。

日本晚樱 *Cerasus serrulata* (Lindl.) G. Don ex Lond. var. *lannesiana* (Carr.) Makino

科属:蔷薇科　樱属

特征简介:落叶乔木,皮孔明显。叶互生,卵状椭圆形,先端渐尖,叶缘有渐尖单锯齿及重锯齿,叶柄先端有腺体;托叶线形,早落。先花后叶,花序伞房总状或近伞形,有花2~3朵;总梗长5~10毫米,小花梗长1.5~2.5厘米,花重瓣,粉红色。花期3~4月。

利用价值:因花大而美丽,可供观赏,可作行道树。

物种分布:校园常见,东区第一教学楼到北门间路两旁、西区第三教学楼附近,有大量栽培。原产于日本。我国各地庭园栽培。东区有一株品种名为"御衣黄",花瓣为黄绿色。

术大学
中国科学技术大学

桃 *Amygdalus persica* L.

科属：蔷薇科　桃属

特征简介：乔木。树皮暗红褐色。小枝向阳处转变成红色。单叶，互生，幼叶对折；叶片披针形，叶缘具锯齿。花单生，先于叶开放，花梗极短或几无梗；萼筒钟形，被短柔毛，绿色而具红色斑点；萼片顶端圆钝，外被短柔毛；花瓣长圆状椭圆形至宽倒卵形，粉红色，罕为白色；雄蕊20~30枚，子房被短柔毛。果实形状和大小均有变异。花期3~4月，果实成熟期因品种而异，通常为8~9月。

利用价值：栽培观赏。桃树干上分泌的胶质（桃胶）可食用，也供药用。

物种分布：东区家属区、东区第二教学楼、西区北门有零散栽培。原产于我国，各地广泛栽培。

其他：桃的观赏品种很多。校内栽培植株少见结果。“人间四月芳菲尽，山寺桃花始盛开。”这句诗描写了山下城镇的桃花已落，而山中寺院的桃花才刚刚盛开的自然景象，生动地描写了海拔高度对物候的影响。校园常见栽培有绛桃 ***A. persica* L. f. *camelliaeflora* (Van Houtte) Dipp.**，花重瓣，深红色或白色。

绛桃　（陈江峰摄）　（胡颖摄）

李 *Prunus salicina* Lindl.

科属：蔷薇科　李属

别名：山李子、李子

特征简介：落叶乔木。单叶，互生；幼叶席卷，叶片长圆形、长椭圆形，先端渐尖或短尾尖，基部楔形，叶缘有圆钝重锯齿，常混有单锯齿，两面均无毛，托叶膜质，线形，边缘有腺，早落。花通常3朵并生；花梗1~2厘米，通常无毛；花直径1.5~2.2厘米；萼筒钟状；花瓣白色，长圆倒卵形，先端啮蚀状，具短爪，雌蕊1枚，柱头盘状，花柱比雄蕊稍长。核果球形，有时为绿色或紫色，梗凹陷入，外被蜡粉。花期3月，果期7~8月。

利用价值：可供观赏。果实可食用，为重要温带果树之一，校内栽培植株少见结果。

物种分布：校园常见，西区芳华园栽培较多。我国各地及世界各地均有栽培。

紫叶李 *Prunus cerasifera* Ehrh. f. *atropurpurea* (Jacq.) Rehd.

科属:蔷薇科　李属

别名:红叶李

特征简介:落叶灌木;叶互生,紫红色,叶片卵形,边缘有圆钝锯齿,紫红色;托叶膜质。花单生,萼筒钟状;花瓣白色,长圆形,边缘波状,基部楔形,着生在萼筒边缘;雌蕊1枚,心皮被长柔毛。核果近球形或椭圆形,直径2~3厘米,微被蜡粉。花期3月,果期6月。

利用价值:可供观赏。果实可生食。校内栽培的极少见结果。

物种分布:校园常见。常年叶片紫色,引人注目。各地均有栽培。

杏 *Armeniaca vulgaris* Lam.

科属:蔷薇科　杏属

别名:杏花

特征简介:乔木。一年生枝浅红褐色,有光泽。叶片宽卵形,先端尖,基部圆形至近心形,叶缘有圆钝锯齿,叶柄基部具1~6枚腺体。花单生,先于叶开放;花梗短,长1~3毫米;萼片花后反折;花瓣白色或带红色,具短爪;雄蕊20~45枚;子房、花柱下部具柔毛。果实球形,微被短柔毛;果肉多汁,成熟时不开裂;种仁味苦或甜。花期3月,果期6~7月。

利用价值:栽培观赏。种仁(杏仁)入药。

物种分布:西区芳华园、生命科学学院旁、东区第一教学楼旁等地有栽培。分布于全国各地。

其他:杏与梅的区别:梅小枝绿色,叶基部楔形或宽楔形,花多为重瓣。

梅 *Armeniaca mume* Sieb.

科属：蔷薇科　杏属

特征简介：落叶灌木。小枝绿色，光滑无毛。叶片卵形，先端尾尖，基部宽楔形至圆形，叶缘常具小锐锯齿，叶柄幼时具毛，老时脱落，常有腺体。花单生或有时2朵同生于1枚花芽内，香味浓，先于叶开放；花梗短，长1~3毫米；花萼通常红褐色，但有些品种的花萼为绿色或绿紫色；萼片卵形或近圆形，先端圆钝；花瓣倒卵形，白色至粉红色；子房密被柔毛。果实近球形，被柔毛，核腹面和背棱上均有明显纵沟，表面具蜂窝状孔穴。花期冬春季，果期5~6月。

利用价值：栽培观赏。果实可食，可入药。

物种分布：校园常见，西区芳华园栽培较多。我国各地均有栽培。

其他：梅花为我国十大名花之首，花中之魁。正如《警世贤文》所说："宝剑锋从磨砺出，梅花香自苦寒来。"

枇杷 *Eriobotrya japonica*（Thunb.）Lindl.

科属：蔷薇科　枇杷属
别名：卢桔

特征简介：常绿小乔木。叶互生，革质，常倒披针形，长12~30厘米，上部叶缘有疏锯齿，基部全缘，上面光亮，多皱，下面密生灰棕色绒毛；圆锥花序顶生；花瓣白色。果实长圆形，黄色，外有锈色柔毛。花期11~12月，果期翌年5~6月。

利用价值：为亚热带常见水果。可供园林观赏。叶可供药用，化痰止咳。可作木材。

物种分布：校园常见观赏树木，东区郭沫若广场西侧、西区本科生宿舍附近较多。分布于华中和西南等地。

其他：枇杷熟时黄色，诗文有“东园载酒西园醉，摘尽枇杷一树金”。

木瓜 *Chaenomeles sinensis*（Thouin）Koehne

科属：蔷薇科　木瓜属
别名：海棠、光皮木瓜

特征简介：灌木。树皮成片状脱落；小枝无刺。叶片椭圆形，叶缘有刺芒状尖锐锯齿，齿尖有腺，幼时下面密被黄白色绒毛；叶柄有腺齿；托叶膜质，边缘具腺齿。花单生于叶腋，花梗短粗；萼筒钟状，外面无毛；萼片三角披针形，边缘有腺齿，反折；花瓣倒卵形，淡粉红色；雄蕊多数，花柱3~5枚，基部合生。果实长椭圆形，暗黄色，木质。花期3~4月，果期9~10月。

利用价值：栽培供观赏。果实供食用、入药。可作木材。

物种分布：东区第一教学楼南面、眼镜湖西面有集中栽培。分布于秦岭至长江流域以南等地。

其他：果皮干燥后仍光滑，不皱缩，故有光皮木瓜之称。俗名为“木瓜”的水果，是番木瓜科植物番木瓜的果实，而并不是本种的果实。

皱皮木瓜 *Chaenomeles speciosa* (Sweet) Nakai

科属:蔷薇科　木瓜属

别名:贴梗海棠、贴梗木瓜

特征简介:落叶灌木。枝条有刺。叶片卵形至椭圆形,叶缘具有尖锐锯齿,托叶大。花先叶开放,3~5朵簇生于二年生老枝上;花梗短粗,长约3毫米或近于无梗,花瓣倒卵形或近圆形,猩红色,稀淡红色或白色。果实球形或卵球形,黄色或带黄绿色,果皮发皱。花期3~5月,果期9~10月。

利用价值:可作绿篱、观花植物。果实可入药。

物种分布:校园常见早春观花植物。原产于我国西南部,现广泛栽培。

其他:因果皮发皱,故名"皱皮木瓜",和木瓜(光皮木瓜)相对。又因花梗短粗或近于无梗,花似海棠,又名"贴梗海棠"。

杜梨 *Pyrus betulifolia* Bunge

科属:蔷薇科　梨属

别名:棠梨、土梨

特征简介:乔木。枝常具刺。叶片卵形,先端渐尖,基部宽楔形,叶缘有粗锐锯齿,幼叶上下两面均密被灰白色绒毛,老叶无毛有光泽;叶柄被灰白色绒毛;托叶早落。伞形总状花序,有花10~15朵,总花梗和花梗均被灰白色绒毛;苞片早落;花直径1.5~2厘米;萼筒外密被灰白色绒毛;萼片三角卵形,全缘,内外两面均密被绒毛,花瓣先端圆钝,基部具有短爪,白色;雄蕊20枚,花药紫色,花柱2~3枚。果实近球形。花期4月,果期8~9月。

利用价值:栽培观赏。可作木材,提制栲胶并入药。

物种分布:西区图书馆东南侧有栽培。分布于辽宁、河北以及华东等地。

海棠花

垂丝海棠 *Malus halliana* Konhne

科属：蔷薇科　苹果属

别名：海棠

特征简介：落叶乔木。单叶互生，叶片卵形至椭卵形，叶缘有圆钝细锯齿。伞房花序，具花4~6朵，花梗细弱，下垂，有稀疏柔毛，紫色；花直径3~3.5厘米；萼筒外面无毛；萼片全缘，外面无毛，内面密被绒毛；花瓣粉红色，常在5数以上；花柱4或5枚。果实直径6~8毫米，萼片脱落。花期3~4月，果期9~10月。

利用价值：栽培观赏。

物种分布：校园常见。分布于华东和西南等地。

其他：校内有重瓣变种。花粉红色，下垂，故名"垂丝海棠"。东区北门栽培有**海棠花** ***M. spectabilis*** **(Ait.) Borkh.**，花萼内面被白色绒毛，萼片比萼筒稍短，花白色或粉红色。果实具宿存萼片，果基部不下陷。花期4~5月。分布于华北和华东地区。

湖北海棠 *Malus hupehensis* (Pamp.) Rehd.

科属：蔷薇科　苹果属

别名：茶海棠、野海棠

特征简介：落叶乔木。叶片卵形至卵状椭圆形，边缘有细锐锯齿。伞房花序，具花4~6朵；萼裂片三角状卵形，反卷；花瓣倒卵形，长约1.5厘米，基部有短爪，粉白色或近白色；雄蕊20枚，约等于花瓣之半；花柱常3枚。果实椭圆形或近球形，直径约1厘米，黄绿色稍带红晕，萼片脱落；果梗长2~4厘米。花期3月下旬至4月上旬，果期8~9月。

利用价值：春季满树缀以白色花朵，秋季果实累累，甚为美丽，可作观赏树种。

分布：东区、西区及南区均有栽培。我国各地广泛栽培。

其他：东区校史馆南侧及南区栽培有**重瓣粉海棠** ***M. spectabilis*** **(Ait.) Borkh. var.** ***riversii*** **(Kirchn.) Rehd.**，花重瓣，开放后花瓣常带紫红色。花期3月下旬至4月上旬，果期8~9月。春季满树缀以粉白色花朵，甚为美丽，可作观赏树种。我国各地均有栽培。

重瓣粉海棠

花红 *Malus asiatica* Nakai

科属:蔷薇科　苹果属

形态特征:落叶小乔木,嫩枝和叶具短柔毛。叶柄长2~5厘米。雄蕊17~20枚,长短不等,短于花瓣。花柱长于雄蕊,基部具长绒毛。梨果直径4~5厘米,基部陷入,宿存萼肥厚隆起。

利用价值:园林绿化;果实可食用。

物种分布:东区北门旁边有栽培。分布于华北、华中和西南等地。

粉花绣线菊 *Spiraea japonica* L. f.

科属:蔷薇科　绣线菊属

别名:日本绣线菊

特征简介:直立灌木。叶片卵形至卵状椭圆形,先端急尖至短渐尖,基部楔形,叶缘有缺刻状重锯齿或单锯齿,上面暗绿色。复伞房花序生于当年生的直立新枝顶端,花朵密集;花瓣卵形至圆形,先端通常圆钝,粉红色;雄蕊多数。蓇葖果半开张。花期5~7月,果期8~9月。

利用价值:栽培观赏。

物种分布:东区眼镜湖边、西区北门南侧栽培较多。原产于日本、朝鲜。我国各地有栽培。

其他:东区眼镜湖边、西区北门南侧栽培有单瓣李叶绣线菊 *S. prunifolia* Sieb. et Zucc.var. *simpliciflora* Nakai,叶缘有细锐单锯齿。伞形花序无总梗,具花3~6朵,基部着生数枚小型叶片;花瓣宽倒卵形,直径达1厘米,白色。花期3月,果期4~7月。栽培观赏。原产于日本、朝鲜。我国各地栽培观赏。李叶绣线菊 *S. prunifolia* Sieb. et Zucc.,即俗称"笑靥花",为重瓣。

单瓣李叶绣线菊

菱叶绣线菊 *Spiraea vanhouttei* (Briot) Zabel

科属:蔷薇科　绣线菊属
别名:范氏绣线菊、绣线菊

特征简介:灌木。叶片菱状卵形至菱状倒卵形,通常3~5裂,基部楔形,叶缘有缺刻状重锯齿,两面无毛,具不显著3脉或羽状脉。伞形花序具总梗,有多数花朵,基部具数枚叶片;花瓣近圆形,先端钝,长与宽各3~4毫米,白色;雄蕊多数,部分雄蕊不发育,长约花瓣的1/3~1/2;花盘圆环形,具大小不等的裂片,子房无毛。蓇葖果稍开张,花柱近直立,萼片直立开张。花期4月。

利用价值:栽培观赏。

物种分布:西区4号楼附近、东区石榴园有栽培。分布于华东和华南等地。

插田泡 *Rubus coreanus* Miq.

科属:蔷薇科　悬钩子属
别名:插田藨、高丽悬钩子

特征简介:灌木。枝具近直立或钩状扁平皮刺。小叶通常5枚,稀3枚,卵形、菱状卵形或宽卵形,叶缘有不整齐粗锯齿或缺刻状粗锯齿,侧生小叶近无柄,与叶轴均被短柔毛和疏生钩状小皮刺;托叶线状披针形。伞房花序生于侧枝顶端,具花数朵至三十几朵,苞片线形,萼片花时开展,果时反折;花瓣倒卵形,淡红色至深红色,与萼片近等长或稍短;雄蕊比花瓣短或近等长,花丝带粉红色;雌蕊多数。果实近球形,深红色至紫黑色。花期4月,果期6~8月。

利用价值:果实味酸甜,可生食。果实、根、叶可入药。

物种分布:西区北门附近围栏边有栽培。分布于华北、华东和华中等地。

茅莓 *Rubus parvifolius* L.

科属: 蔷薇科　悬钩子属

别名: 小叶悬钩子、茅莓悬钩子

特征简介: 灌木。小叶3枚,菱状圆形或倒卵形,顶端圆钝或急尖,基部圆形或宽楔形,下面密被灰白色绒毛,叶缘有不整齐粗锯齿或缺刻状粗重锯齿。伞房花序顶生或腋生,花序成短总状,被柔毛和细刺;花梗具柔毛和稀疏小皮刺;花萼外面密被柔毛和疏密不等的针刺;花瓣卵圆形,粉红至紫红色,基部具爪;雄蕊花丝白色。果实红色。花期3~5月,果期5~8月。

利用价值: 果实酸甜多汁,可供食用、酿酒等。全株入药。

物种分布: 西区第三教学楼到西区学生活动中心路旁有野生。我国各地都有分布。

其他: 西区也西湖旁和东区家属区生长有悬钩子属的另一种植物——蓬蘽 ***R. hirsutus* Thunb.**,为落叶半灌木,具皮刺。奇数羽状复叶,小叶3~7枚,两面具细柔毛。花常单生枝顶,白色。聚合果球形,红色。花期4月,果期5月。果酸甜可食;全株入药。分布于淮河流域以南地区。

火棘 *Pyracantha fortuneana* (Maxim.) H. L. Li

科属: 蔷薇科　火棘属

别名: 火把果、救兵粮

特征简介: 常绿灌木;侧枝短,先端成刺状。叶片倒卵形,长1.5~6厘米,宽0.5~2厘米,先端圆钝或微凹,叶缘有钝锯齿,近基部全缘,两面皆无毛;叶柄短。花集成复伞房花序,花瓣白色,近圆形,长约4毫米;雄蕊20枚;花柱5枚,离生,与雄蕊等长。果实近球形,直径约5毫米,橘红色或深红色。花期4~5月,果期8~10月。

利用价值: 园林观赏植物,作绿篱。果实可生食,或磨粉可代食品。

物种分布: 校园常见植物。分布于我国中部、东部、西南等地。

其他: 鲜红色果实在枝头形似火把,俗称“火把果”。因侧枝成刺,故称“火棘”。

石楠 *Photinia serratifolia* (Desf.) Kalk.

科属：蔷薇科　石楠属

别名：凿木、千年红

特征简介：常绿灌木或小乔木。叶片革质，长椭圆形，叶缘有疏生具腺细锯齿，近基部全缘，上面光亮。复伞房花序顶生，盛开时具浓郁的异味；花密生；花瓣白色，雄蕊20枚。果实红色。花期4月，果期10月。

利用价值：园林绿化植物。种子可榨油。叶、根可供药用。

物种分布：校园常见植物。分布于我国秦岭至长江流域以南各地。

其他：校园常有栽培红叶石楠 *Photinia* × *fraseri* Dress，常绿小灌木。新叶及新芽亮红色直立。花期4月中旬，果期9~10月。因春季新叶红艳，夏季转绿，秋冬季呈红色，可作观叶植物。我国大部分地区均有栽培。

红叶石楠

椤木石楠 *Photinia bodinieri* H. Lév.

科属：蔷薇科　石楠属

特征简介：常绿乔木，常具枝刺。叶片革质，长圆形或倒披针形，长5~15厘米；叶柄长0.8~1.5厘米。花多数，密集成顶生复伞房花序；总花梗和花梗有平贴短柔毛；花白色，直径1~1.2厘米；花瓣圆形；雄蕊20枚；花柱2枚，基部合生并密被白色长柔毛。果圆球形，紫红色。花期4月下旬至5月，果期9~10月。

利用价值：冬季叶片常绿并缀有紫红色果实，颇为美观，为园林绿化树种。木材坚硬。

物种分布：西区研究生宿舍西侧有栽培。分布于华东、华中、西北、南部和西南等地。

重瓣棣棠花 *Kerria japonica* (L.) DC. f. *pleniflora* (Witte) Rehd.

科属：蔷薇科　棣棠属

别名：鸡蛋黄花、土黄条

特征简介：落叶灌木。小枝绿色。叶互生，顶端长渐尖，叶缘有尖锐重锯齿，两面绿色；托叶膜质，早落。单花，直径3~6厘米。萼片宿存；花瓣黄色，宽椭圆形，顶端下凹，瘦果倒卵形。花期3~6月。

利用价值：茎髓作为通草的代用品入药，有催乳利尿之效。

物种分布：西区和东区常见栽培。我国大部分地区有栽培。

其他：棣读“dì”。

皂荚 *Gleditsia sinensis* Lam.

科属：豆科　皂荚属

特征简介：落叶乔木。树干生棘刺，粗壮，常分支。偶数羽状复叶，互生，小叶3~9对，纸质，卵状披针形至长圆形，边缘具细锯齿。总状花序腋生或顶生；花杂性，黄白色；萼片4枚，三角状披针形；花瓣4枚。荚果带状。花期4月下旬至5月；果期5~12月。

利用价值：可作木材。荚果富含皂素，可代肥皂。果荚和种子可入药。

物种分布：东区少年班学院门前有栽培。分布于我国大部分地区。

刺槐 *Robinia pseudoacacia* L.

科属：豆科　刺槐属
别名：洋槐

特征简介：落叶乔木，树皮浅裂至深纵裂。羽状复叶，互生，长10~25厘米；小叶2~12对，椭圆形、长椭圆形或卵形，全缘；托叶刺状。总状花序腋生，苞片早落，萼齿5枚，三角形至卵状三角形，花冠白色。荚果褐色，扁平。花期4月，果期8~9月。

利用价值：行道树。可作木材。

物种分布：西区也西湖西侧及研究生宿舍附近有栽培。原产于美国东部，现全国各地广泛栽植。

槐 *Sophora japonica* L.

科属：豆科　槐属
别名：豆槐、槐花树

特征简介：乔木。羽状复叶，互生，长25厘米；小叶4~7对；托叶形状多变，早落；小托叶2枚。圆锥花序顶生，常呈金字塔形；花冠白色或淡黄色。荚果串珠状，成熟后不开裂。花期7~8月，果期8~10月。

利用价值：可作木材。栽培观赏。根皮、槐花和果实均入药。

物种分布：东区东门附近有栽培。原产于中国，现广泛栽培。

其他：校园内还有槐的一个变种——**金枝槐** ***S. japonica* L. cv. 'Cuchlnensis'**，特点是枝条为金黄色。此外，校园常有栽培**龙爪槐** ***Sophora japonica* L.var. *pendula* Loud.**，枝和小枝均下垂，并向不同方向弯曲盘旋。花期7~8月，果期8~10月。因树型优美，可栽培供观赏。原产中国。因枝条均下垂，形似龙爪，故名“龙爪槐”，为槐的芽突变种类。用槐作砧木，嫁接繁殖。

龙爪槐

紫荆 *Cercis chinensis* Bunge

科属:豆科　紫荆属

别名:裸枝树

特征简介:落叶灌木。树皮和小枝灰白色。叶互生,近圆形或三角状圆形,基部浅至深心形。花紫红色或粉红色,2~10余朵成束,簇生于老枝和主干上,常先于叶开放;龙骨瓣基部具深紫色斑纹。荚果扁狭长形,喙细而弯曲。花期3~4月,果期8~10月。

利用价值:园林绿化植物。树皮可入药,有清热解毒,活血行气,消肿止痛之功效。

物种分布:校园有栽培。分布于我国东南部。

其他:中国香港的区花为羊蹄甲属的植物**洋紫荆** ***Bauhinia variegata***,而不是本种。东区专家楼旁栽培有豆科黄檀属的**黄檀** ***Dalbergia hupeana*** **Hance**,为落叶乔木。单数羽状复叶,互生,小叶近互生,椭圆形,长3~5厘米,顶端微

凹,叶轴基部具叶枕,托叶早落。圆锥花序近生枝顶;蝶形花,雄蕊10枚,合生成5与5两束。荚果。花果期5~10月。分布于长江流域。

双荚决明 *Cassia bicapsularis* L.

科属:豆科　决明属

特征简介:半常绿灌木。偶数羽状复叶,互生,小叶3~4对,在每对小叶间和叶轴上有1个腺体;小叶卵形或卵状披针形,两面无毛。总状花序腋生或顶生,具花4~10花;萼片黄绿色;花瓣黄色;能育雄蕊7枚,其中3枚较长,不育雄蕊3枚。荚果圆柱形。花期7~10月,果期10~11月。

利用价值:栽培观赏。

物种分布:西区生院南侧、严济慈铜像南侧有栽培。原产美洲热带地区。我国广东、广西等地有栽培。

合欢 *Albizia julibrissin* Durazz.

科属：豆科　合欢属

别名：线花树

特征简介：落叶乔木。二回羽状复叶，互生，小叶10~30对，线形至长圆形，向上偏斜；托叶线状披针形，早落。头状花序于枝顶排成圆锥花序；花粉红色；花萼管状，花冠长8毫米，裂片三角形，花萼、花冠外均被短柔毛；花丝细长，约2.5厘米。荚果带状。花期6月，果期9~10月。

利用价值：可作行道树、观赏树。树皮供药用。也可作木材。

物种分布：校园常见栽培植物。分布于我国东北至华南及西南部各地。

其他：古人常借合欢寄托相思之情，如诗云：“不见合欢花，空倚相思树”。

(胡颖摄)

(胡颖摄)

（周静波摄）

毛叶山桐子 *Idesia polycarpa* Maxim. var. vestita Diels

科属：大风子科　山桐子属

特征简介：落叶乔木。树皮灰白色，平滑，小枝密生短柔毛。叶互生，卵形或圆状卵形，边缘具疏锯齿，叶下面密生短柔毛，掌状基出脉5~7条；叶柄下部具2~4枚腺体。圆锥花序，花序梗和花梗有密毛；花单性，雌雄异株或杂性；花黄绿色，萼片常5枚；雄花具多数雄蕊；雌花子房球形，花柱5或6枚，向外平展。浆果球形，成熟时红色。花期4月下旬至5月，果期10~11月。

利用价值：木材优良。种子榨的油可作润滑油。既可观叶，又可赏果，为绿化的理想树种。

物种分布：东区老图书馆东边栽植2棵。分布于华东、华南、西北、西南地区。

其他：山桐子是绿化树种中的珍品，因地势低洼和大树遮阴等，长势不良，多年未见开花结果，建议校绿化部门采取措施，对其加强管护。

无患子 *Sapindus mukorossi* Gaertn.

科属：无患子科　无患子属

特征简介：落叶乔木。树皮灰黑色。偶数羽状复叶，互生，小叶8~12对，叶片薄纸质，长椭圆状披针形或稍呈镰状。圆锥花序顶生；花小，辐射对称，萼片5枚；花瓣5枚；雄蕊8枚，花丝下部有长柔毛。核果球形，熟时黄色或橙黄色，基部一侧具一分果瓣脱落后留下的痕迹。花期春季，果期夏秋。

利用价值：秋季树叶变为鲜黄色，极为美丽，可观赏。木材优良。果皮含有皂素，可代肥皂。

物种分布：校园常见栽培。分布于我国东部、南部至西南部地区。

其他：相传以无患子的木材制成的木棒可以驱魔杀鬼，故得名无患子。

山茶 *Camellica japonica* L.

科属：山茶科　山茶属

形态特征：常绿植物。单叶互生，椭圆形，革质，具光泽。花生于枝顶，苞片与萼片约10枚，花瓣6~7枚，或重瓣，雄蕊3轮。蒴果。花期2~4月。

利用价值：山茶为我国十大名花之一，花中娇客。白居易有诗云："飘香送艳春多少，犹如真红耐久花。"我们的老校长郭沫若先生生前非常喜爱山茶，诗云："人人都道牡丹好，我道牡丹不及茶。"花可药用。

物种分布：西区图书馆和东区专家楼均有栽培。品种较多，广泛栽培。

其他：校园还有同属的植物——**油茶 *C. oleifera* Abel.**，叶片长4~5厘米，幼期中脉具毛；叶柄3~6毫米，幼期具毛。花1~3朵生于枝顶或叶腋，苞片和萼片具丝状毛，花白色。花期1~2月。种子可榨油。东区眼镜湖周围有栽培。分布于秦岭至淮河流域以南地区。

油茶

木荷 *Schima superba* Gardn. et Champ.

科属：山茶科　木荷属

形态特征：常绿乔木。单叶互生，簇生枝端，椭圆形，革质，中部和上部具疏齿，具叶柄。总状花序顶生，花芳香，白色；花5基数，雄蕊多数，花药丁字形着生。花期5~7月。

利用价值：为重要的用材树种。

物种分布：东区专家楼旁有栽培。分布于长江以南地区。

金丝桃 *Hypericum monogynum* L.

科属：藤黄科　金丝桃属

别名：金线蝴蝶、金丝海棠

特征简介：灌木。茎红色。叶对生，叶片倒披针形至长圆形，坚纸质。花序具1~15(~30)朵花，疏松的近伞房状；花瓣黄色，开张，三角状倒卵形；雄蕊多数，基部合生为5束，花瓣几等长，花柱合生几达顶端，顶端5裂。蒴果。花期5~7月，果期8~9月。

利用价值：花美丽，供观赏。果作连翘代用品，根能祛风、治跌打损伤等。

物种分布：东区眼镜湖畔，西区校车站旁较多。分布于我国大部分地区。

金丝梅 *Hypericum patulum* Thunb. ex Murray

科属：藤黄科　金丝桃属

特征简介：茎和枝具2纵棱。花瓣全缘或略为啮蚀状小齿；雄蕊长度不超过花瓣的一半。花期5~7月，果期8~9月。

利用价值：因花大而美丽，可供观赏。

物种分布：东区石榴园有栽培。分布于我国大部分地区。

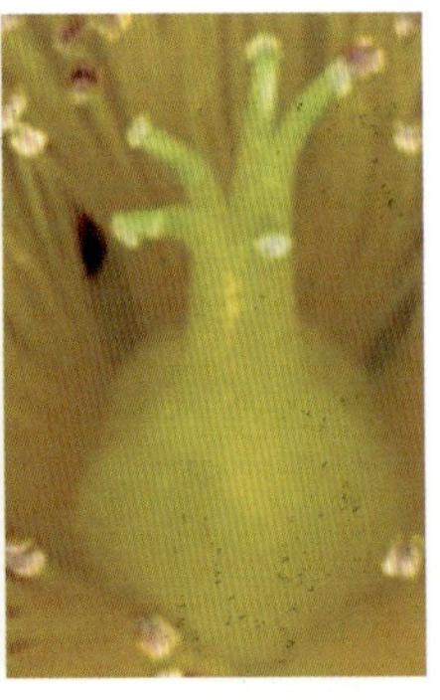

特征简介:落叶乔木。树干扭曲,树皮暗褐色,呈鳞片状剥落。奇数羽状复叶,互生,小叶5~7对,披针形或卵状披针形,全缘,先端渐尖,基部偏斜。圆锥花序腋生;先叶开放;花小,无花瓣。核果倒卵状扁球形,成熟时紫红色。花期4月,果期9~11月。

利用价值:可作木材。种子的榨油可作润滑油或制皂。

物种分布:西区力三楼西侧有栽培。分布于长江以南各地及华北、西北地区。

臭椿 *Ailanthus altissima* (Mill.) Swingle

科属:苦木科　臭椿属

别名:樗树、椿树

特征简介:落叶乔木。叶为奇数羽状复叶,互生,小叶13~27枚;纸质,卵状披针形,基部偏斜,两侧各具1或2枚粗锯齿,齿背有腺体1枚,揉碎后有臭味。圆锥花序,花淡绿色。翅果长椭圆形,内有1粒种子,位于翅果近中部。花期5月,果期8~10月。

利用价值:可作木材。叶可饲椿蚕。

物种分布:西区第三教学楼北侧、东区中门停车场内和研究生宿舍东侧等地有栽培。分布于我国大部分地区。

香椿 *Toona sinensis* (A. Juss.) Roem.

科属:楝科　香椿属

特征简介:落叶乔木。偶数羽状复叶,互生。花瓣5枚,白色。蒴果,种子具翅。花期5月下旬至6月,果期8~10月。

利用价值:幼芽嫩叶芳香可口,供蔬食。木材优良。

物种分布:东区家属区附近有栽培。分布于我国大部分地区。

楝 *Melia azedarach* L.

科属:楝科　楝属

别名:苦楝、楝树、紫花树

特征简介:落叶乔木。叶为2~3回奇数羽状复叶,互生,小叶卵形至披针形。圆锥花序约与叶等长;花瓣淡紫色;雄蕊管紫色,有纵细脉,管口有钻形、2~3齿裂的狭裂片10枚,花药10枚。核果球形至椭圆形;种子椭圆形。花期4~5月,果期10~12月。

利用价值:园林绿化植物。可作木材。鲜叶可作农药,有毒。果核仁油可供制油漆、润滑油和肥皂。

物种分布:西区北门、也西湖附近可见。分布于黄河以南各地,目前广泛栽培。

其他:楝读“liàn”。楝花开罢,春天也就要结束了,所以有“处处社时茅屋雨,年年春后楝花风”的诗句。

重阳木 *Bischofia polycarpa* (Levl.) Airy-Shaw

科属:大戟科　重阳木属

别名:乌杨、茄冬树

特征简介:落叶乔木。三出复叶,互生;小叶片纸质,卵形或椭圆状卵形,基部圆或浅心形,叶缘具钝细锯齿,顶生小叶通常较两侧的大。花雌雄异株,春季与叶同时开放,组成总状花序;花序通常着生于新枝的下部,花序轴纤细而下垂;雄花花丝短,有明显的退化雌蕊;雌花的萼片与雄花的相同,有白色膜质的边缘。果实圆球形,成熟时褐红色。花期4~5月,果期10~11月。

利用价值:可作木材、行道树。果肉可酿酒。

物种分布:东区食堂西侧、图书馆附近、家属区、西区等地有栽培。分布于我国东部、中部和西南部地区。

乌桕 *Sapium sebiferum* (L.) Roxb.

科属:大戟科　乌桕属

别名:腊子树、桕子树

特征简介:乔木,具乳状汁液。叶互生,菱形、菱状卵形或稀有菱状倒卵形,全缘。花单性,雌雄同株同序,总状花序,雌花常生于花序轴基部,子房卵球形,花柱3枚;雄蕊2枚。蒴果成熟时黑色;种子扁球形,黑色,外被白色、蜡质的假种皮。花期6月,果期10~11月。

利用价值:秋冬季节叶片变为红色、黄色,极具观赏价值。根皮治毒蛇咬伤。白色蜡质假种皮可制肥皂、蜡烛,种子可提取油。

物种分布:东区食堂门口、西区常见栽培,或野生。在我国主要分布于黄河以南各地。

其他:桕读"jiù"。

山麻杆 *Alchornea davidii* Franch.

科属：大戟科　山麻杆属
别名：荷包麻

特征简介：落叶灌木。叶互生，阔卵形或近圆形，顶端渐尖，基部心形、浅心形或近截平，叶缘具粗锯齿或具细齿，下面基部具斑状腺体2或4枚。雌雄同株或异株，雄花序穗状，1~3枚生于一年生枝已落叶腋部，雄花萼片3(~4)枚，雄蕊6~8枚；雌花序总状，顶生。雌花萼片5枚；子房球形，被绒毛，花柱3枚，线状。蒴果近球形，具3圆形棱。花期3~4月，果期5~8月。

利用价值：早春嫩叶初放时红色，醒目美观，为园林绿化观叶植物。茎皮纤维为制纸原料。叶可作饲料。

物种分布：西区篮球场旁和力学楼附近、东区活动中心附近有栽培。分布于秦岭以南地区。

花椒 *Zanthexylum bungeanum* Maxim.

科属：芸香科　花椒属

特征简介：灌木，具皮刺。奇数羽状复叶，小叶3~9枚，背面中脉基部具褐色柔毛，叶轴具狭翅。聚伞圆锥花序顶生；蒴果表面具疣状凸起的油点。花期4~5月，果熟期9月。

利用价值：果实作调味香料，或提取芳香油，也可入药。

物种分布：东区家属区有栽培。秦岭至淮河以南广布。

黄杨 Buxus sinica (Rehd. et Wils.) Cheng ex M. Cheng

科属：黄杨科　黄杨属

别名：黄杨木

特征简介：灌木或小乔木。小枝四棱形。叶对生，革质，椭圆形，先端圆或钝，常有小凹口，基部圆或急尖或楔形，叶面光亮，中脉凸出。花序腋生，头状，花密集，花序轴长3~4毫米，被毛，苞片阔卵形，长2~2.5毫米，背部多少有毛；雄花约10朵，无花梗，不育雄蕊有棒状柄，末端膨大；雌花花柱粗扁，柱头倒心形。蒴果近球形。花期3月，果期10~11月。

利用价值：栽培观赏。

物种分布：校园常见。分布于陕西、甘肃以及长江以南等地。

其他：《Flora of China》将黄杨的学名修订为 *B. microphylla* Sieb. et Zucc. ssp. *sinica* (Rehd. et H. Wilson) Hatus. 东区眼镜湖旁栽培有**雀舌黄杨 *B. bodinieri* Levl.**，叶片倒披针形，或长圆状倒披针形，长2.5~4厘米，宽8~15毫米，顶端微凹，中脉两面隆起，具光泽。分布于长江流域以南地区。《Flora of China》将其学名修订为 *B. hariandii* Hanelt。

雀舌黄杨

冬青卫矛 *Euonymus japonica* Thunb.

科属：卫矛科　卫矛属

别名：大叶黄杨

特征简介：灌木。小枝四棱形。叶对生，革质，有光泽，倒卵形或椭圆形，先端圆阔或急尖，基部楔形，叶缘具有浅细钝齿。聚伞花序5~12花，花序梗长2~5厘米，2~3次分枝；花白绿色，花瓣近卵圆形，雄蕊花药长圆状。蒴果近球状，直径约8毫米，淡红色；种子假种皮橘红色，全包种子。花期6月，果熟期9~10月。

利用价值：栽培观赏。

物种分布：校园常见。我国南北各地均有栽培。

其他：校园内还有金边黄杨等栽培变型。

构骨 *Ilex cornuta* Lindl. et Paxt.

科属:冬青科　冬青属

别名:猫儿刺、老虎刺

龟甲冬青

特征简介:常绿灌木。叶互生,厚革质,叶具两型,具刺的叶植株,叶两侧各具1~2枚刺,顶刺向背面反折;无刺的植株,叶卵形,全缘,顶端具刺或无刺;刺形叶四角状长圆形或卵形,先端具3枚坚硬刺齿,中央刺齿常反曲,基部圆形或近截形,两侧各具1~2刺齿。花序簇生于二年生枝的叶腋内;花单性,淡黄色,4基数。果球形,成熟时鲜红色。果期8~11月。

利用价值:因四季常绿,叶形奇特,常作绿篱。

物种分布:西区第三教学楼附近有栽培。分布于我国华东等地。

其他:无刺构骨为构骨的多态变异,区别在于无刺构骨的叶卵圆形,叶缘无刺齿,在西区科技楼南侧、中区理化实验中心南侧的草地上可见。《Flora of China》将其合并为构骨。此外,东区栽植有冬青属的另一种植物,**龟甲冬青 *I. crenata* Thunb. cv. 'Convexa'**,为钝齿冬青的栽培变种,叶片卵形或椭圆形,革质,向腹面凸起,形似"龟甲"而得名。现常栽培作绿篱。

三角槭 *Acer buergerianum* Miq.

科属:槭树科　槭属

别名:三角枫

特征简介:落叶小乔木。叶交互对生,叶纸质,椭圆形或倒卵形,基部近于圆形或楔形,通常浅3裂,被白粉,基生脉3条。花多数常成顶生被短柔毛的伞房花序,萼片5枚,黄绿色,卵形;花瓣5枚,淡黄色;雄蕊8枚,与萼片等长或微短,花梗长5~10毫米。小坚果双生,具翅,翅与小坚果共长2~2.5厘米,基部狭窄,张开成锐角或近于直立。花期4月,果期8月。

利用价值:栽培观赏。

物种分布:东区眼镜湖西南角、郭沫若路有栽培。分布于山东以及长江以南等地。

其他:叶通常3浅裂,有3个角,故又名"三角枫"。

（陈江峰摄）

鸡爪槭 *Acer palmatum* Thunb.

科属：槭树科　槭属

特征简介：落叶小乔木。叶对生，基部心形，掌状深裂，裂片7枚，边缘具锐锯齿；有叶柄。伞房花序；花紫色，雄花与两性花同株，花萼及花瓣均为5枚；雄蕊8枚；柱头2裂，卷曲。双翅果，张开成钝角，成熟后棕黄色。花期3月下旬至4月上旬，果期9月。

利用价值：因树姿优美，叶形秀丽，秋叶红色，为优良观赏树种。

物种分布：西区有栽培。分布于长江流域。

其他：红枫（变型）***A. palmatum* Thunb. f. *atropurpureum*（Van Houtte）Scher.**，叶深裂，紫红色。校园常见观叶植物。南校区栽培有槭属的色木槭（五角枫）***A. pictum* Thunb. ssp. *mono* (Maxim.) Ohashi**，掌状5（7）中裂，裂片全缘，叶基部平截或浅心形；叶柄细弱，长5~10厘米。顶生圆锥伞房花序。花萼和花瓣均5枚；雄蕊8枚；柱头2裂，反卷。双翅果。花期4~5月，果期8~9月。材质优良，或用于庭院绿化。分布于我国大部分地区。

此外，东区第五教学楼南侧栽培有槭属的**毛脉槭 *A. pubinerve* Rehd.**，落叶乔木，单叶对生，叶柄、叶脉和脉腋处具淡黄色柔毛。果序上果实密集，双翅果宽达5厘米，坚果平直，两翅开角140°~150°。可用于园林绿化。为华东地区特有种。

（胡颖摄）　鸡爪槭

毛脉槭

色木槭

七叶树 *Aesculus chinensis* Bunge

科属:七叶树科　七叶树属

特征简介:落叶乔木。掌状复叶对生,小叶5~7枚,边缘有钝尖形的细锯齿,小叶具短柄。圆锥花序顶生,花杂性,雄花与两性花同株;花瓣4枚,白色;雄蕊6枚。果实球形,黄褐色;种子栗褐色。花期4~5月,果期10月。

利用价值:园林绿化植物。可作木材。种子可作药用,榨油可制造肥皂。

物种分布:西区生命科学学院前栽培较多。秦岭有野生的。

其他:掌状复叶一般为7小叶,故称"七叶树"。种子形似板栗,有毒,不可食用。《Flora of China》将其学名修订为 *A. turbinata* Blume。

（黄丽华摄）

全缘叶栾树 （胡颖摄）

栾树 *Koelreuteria paniculata* Laxm.

科属: 无患子科　栾树属

别名: 木栾

特征简介: 落叶乔木。一回、不完全二回或偶有二回羽状复叶，互生，纸质，小叶卵形至披针形，叶缘有不规则的钝锯齿。聚伞圆锥花序，分枝长而广展；花淡黄色，稍芬芳；花瓣4枚，开花时向外反折；雄蕊8枚，蒴果圆锥形，具3棱，顶端渐尖。花期8~9月，果期9~10月。

利用价值: 庭园观赏树。花供药用。可作木材。

物种分布: 东区眼镜湖东南侧、郭沫若广场西侧有栽培。分布于我国大部分省区。

其他: 校园常见的还有**全缘叶栾树** ***K. bipinnata*** **Franch.var.** ***integrifoliola*** **(Merr.) T. Chen**，二回羽状复叶。圆锥花序大型。蒴果椭圆形或近球形，具3棱，老熟时褐色，顶端钝或圆，有小凸尖。花期7~9月，果期9~10月。庭园观赏树。可作木材。根、花可入药。分布于华东、华南以及云南、贵州等地。

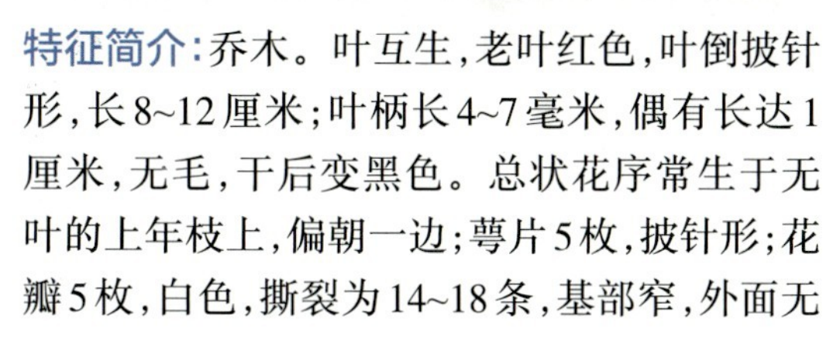

秃瓣杜英 *Elaeocarpus glabripetalus* Merr.

科属: 杜英科　杜英属

特征简介: 乔木。叶互生，老叶红色，叶倒披针形，长8~12厘米；叶柄长4~7毫米，偶有长达1厘米，无毛，干后变黑色。总状花序常生于无叶的上年枝上，偏朝一边；萼片5枚，披针形；花瓣5枚，白色，撕裂为14~18条，基部窄，外面无毛；雄蕊20~30枚，花丝极短，花药顶端具毛丛。核果椭圆形。花期7月。

利用价值: 因叶片颜色鲜亮，可供观赏。

物种分布: 西区活动中心旁边、东区化学楼附近有零星栽培。分布于我国南方和西南地区。

枳椇 *Hovenia acerba* Lindl.

科属：鼠李科　枳椇属

别名：拐枣、南枳椇

特征简介：落叶乔木。叶互生，纸质，宽卵形或心形，顶端尖，基部截形或心形，叶缘常具整齐浅而钝的细锯齿。二歧式聚伞圆锥花序，花两性；花瓣椭圆状匙形，具短爪；花盘被柔毛；花柱半裂。浆果状核果近球形，无毛；果序轴明显膨大；种子暗褐色或黑紫色。花期6月，果期8~10月。

利用价值：膨大的果序轴可食用，或泡酒，即“拐枣酒”。

物种分布：东区图书馆南侧、西区第三教学楼西侧路边、西区研究生食堂西南侧有栽培。我国南方大部分地区都有分布。

其他：枳椇读“zhǐjǔ”。东区专家楼旁栽培有鼠李科枣属的枣 ***Ziziphus jujuba*** **Mill.**，为落叶乔木，单叶互生，全缘，基出脉3条，叶柄短，具托叶刺。聚伞花序腋生，花小，5基数，具花盘。肉质核果。花期5~6月。为常见果树，蜜源植物。长江流域以北广泛栽培。

梧桐 *Firmiana platanifloia* (L. f.) Marsili

科属：梧桐科　梧桐属

别名：青桐

（胡颖摄）

特征简介：落叶乔木，树皮青绿色。叶互生，心形，掌状3~5裂，裂片三角形，顶端渐尖，基部心形，叶柄与叶片等长。圆锥花序顶生，花淡黄绿色；萼5深裂，萼片条形，向外卷曲。蓇葖果膜质，有柄，成熟前开裂成叶状，每蓇葖果有种子2~4粒；种子圆球形，表面有皱纹。花期6月。

利用价值：因叶形优美，可作观赏树木、行道树等。也可作木材。茎、叶、花、果和种子均可药用。

物种分布：东区校史馆附近和家属区附近有栽培。分布于我国南北各地。

其他：梧桐的叶片硕大，雨打梧桐的声音十分清晰，正如诗句：“梧桐叶上三更雨，叶叶声声是别离。”在《中国植物志》49卷第2册中梧桐的学名为*F. platanifolia* (L. f) Mar.。

木槿 *Hibiscus syriacus* L.

科属: 锦葵科　木槿属
别名: 木棉、荆条

特征简介: 落叶灌木。叶互生,菱形至三角状卵形,具深浅不同的3裂或不裂,先端钝,基部楔形,叶缘具不整齐齿缺;托叶线形。花单生于枝端叶腋间;副萼片6~8枚,线形;花冠钟形,淡紫色。蒴果卵圆形,密被黄色星状绒毛。花期6~10月。

利用价值: 因花期长,可供观赏,或作绿篱。茎皮作造纸原料,可入药。

物种分布: 西区常见栽培。原产于东亚。我国各地栽培。

其他: 西区也西湖湖心岛栽培有**木芙蓉** ***H. mutabilis*** **L.** 叶常5~7裂,花初开时白色或淡红色,后变深红色;雄蕊柱无毛;果爿5枚。花期9~11月。因花大而美丽,为园林观赏植物。花、叶供药用。除东北和西北外,我国各地均有分布。

紫薇 *Lagerstroemia indica* L.

科属: 千屈菜科　紫薇属
别名: 痒痒树、百日红

特征简介: 落叶乔木或灌木。树皮光滑,灰褐色;小枝细长,具4棱。单叶,近无柄,椭圆形或倒卵形,长3~7厘米。圆锥花序生于枝端,花3基数;花萼筒具6枚裂片;花瓣6枚,皱缩,具长爪,紫红色、蓝紫色、粉红色或白色;雄蕊36~42枚;外轮6枚生于萼筒上,明显较长。蒴果,室背开裂,干燥后紫黑色;种子具翅。花期6~10月,果期9~12月。

利用价值: 庭院栽培或作盆景观赏。树干坚硬,耐腐,可木材。根、树皮、叶和花均可入药。

物种分布: 各校区常见栽培。我国中部和南部均有生长或栽培。原产于亚洲。

其他: 紫薇花期很长,“谁道花红无百日,紫薇长放半年花”。据说,轻轻抓挠紫薇的树干,细枝会轻微晃动,故名“痒痒树”。

瑞香　（范扬眉摄）

结香 *Edgeworthia chrysantha* Lindl.

科属：瑞香科　结香属
别名：黄瑞香、打结花、三叉树

特征简介：落叶灌木。小枝褐色，常作三叉分枝，韧皮极坚韧。叶簇枝端。花先叶开放，头状花序生于树顶，芳香，花萼外面密被白色丝状毛，黄色，顶端4裂，雄蕊8枚，两轮。花期2~3月，果期春夏间。

利用价值：园林栽培植物。全株可入药。茎皮纤维可造纸。

物种分布：西区5号楼、东区学生宿舍旁等地有栽培。分布于长江以南等地。

其他：因三叉分枝，俗称"三叉树"；枝条韧性好，将其打结也不容易折断，花芳香，故名"结香"，也俗称"打结花"。黄色部分为花萼，而非花冠。东区家属区14幢楼附近栽培有**瑞香** ***Daphne odora*** **Thunb.**，为瑞香属，常绿灌木。幼枝淡紫色。单叶，互生。球形花序生于枝顶。花萼筒状，无花瓣，雄蕊8枚，2轮生于萼筒内。花期3~5月。栽培观赏。分布长江流域以南地区。

（胡颖摄）

石榴 *Punica granatum* L.

科属：石榴科　石榴属
别名：安石榴

特征简介：落叶灌木，高3~5米。叶对生，纸质，矩圆状披针形，长2~9厘米，顶端短尖、钝尖或微凹，基部短尖至稍钝形，上面光亮，侧脉稍细密；叶柄短。花大，1~5朵生于枝顶；萼筒红色，裂片略外展，卵状三角形；花瓣大，红色、黄色或白色；子房下位，花柱长超过雄蕊。浆果近球形，直径5~12厘米；种子多数。花期4月下旬~6月，果期9~10月。

利用价值：为著名水果。果皮入药。可作行道树。树皮、根皮和果皮可提制栲胶。

物种分布：东区石榴园栽植最多。原产于亚洲中部，全世界都有种植。

其他：石榴科在《Flora of China》中已修订为千屈菜科。栽培品种较多。石榴的花期较长，边开边落，正如龚自珍的诗句所说："落红不是无情物，化作春泥更护花。"

喜树 *Camptotheca acuminata* Decne.

科属:蓝果树科　喜树属

别名:旱莲木

特征简介:落叶乔木。叶互生,矩圆状卵形或矩圆状椭圆形,全缘,中脉在上面微下凹,在下面凸起。常由2~9朵头状花序组成圆锥花序,常上部为雌花序,下部为雄花序。翅果幼时绿色,干燥后黄褐色,着生成近球形的头状果序。花期7月,果期9月。

利用价值:可作庭园树或行道树。树根可作药用。

物种分布:西区4号楼北侧、也西湖东侧、东区足球场北侧等地有栽培。我国特有树种。

八角金盘 *Fatsia japonica* (Thunb.) Decne. et Planch.

科属:五加科　八角金盘属

特征简介:常绿灌木或小乔木。叶片大,革质,近圆形,掌状7~9深裂,裂片长椭圆状卵形,先端短渐尖,基部心形,叶缘有疏离粗锯齿,上表面暗亮绿。圆锥花序顶生;花瓣5枚,黄白色;雄蕊5枚,花丝与花瓣等长;子房5室,花柱5枚。果序近球形,熟时黑色。花期10~11月,果熟期翌年4月。

利用价值:因叶形奇特,可作观叶植物。

物种分布:校园常见植物。原产于日本,现各地栽培。

花叶青木 *Aucuba japonica* Thunb. var. *variegata* Thunb.

科属：山茱萸科　桃叶珊瑚属

别名：黄斑桃叶珊瑚、洒金桃叶珊瑚、洒金珊瑚、洒金树

特征简介：常绿灌木，高约3米。枝、叶对生。叶革质，长椭圆形，卵状长椭圆形，先端渐尖，基部近于圆形或阔楔形，上面亮绿色，有金色斑点，叶缘上段具疏锯齿或近于全缘。圆锥花序顶生，雄花序总梗被毛；雌花序长2~3厘米，具2枚小苞片，子房被疏柔毛。果卵圆形，暗紫色或黑色。花期4月，果期8~10月。

利用价值：因叶片黄绿相映，十分美丽，为观叶植物。

物种分布：东区西门附近、老图书馆东侧，西区特种实验室附近有栽培。分布于我国长江流域以南等地。

其他：由于叶面有金色斑点，故称“洒金树”“洒金珊瑚”。校内植株未见果。(果实摄)于上海交通大学。

锦绣杜鹃 *Rhododendron pulchrum* Sweet

科属：杜鹃花科　杜鹃属

别名：鲜艳杜鹃、映山红

特征简介：半常绿灌木。叶薄革质，椭圆状长圆形至椭圆状披针形或长圆状倒披针形，先端钝尖，基部楔形；叶柄密被棕褐色糙伏毛。伞形花序顶生，有花1~5朵；密被淡黄褐色长柔毛；花萼大，绿色，5深裂，裂片披针形，被糙伏毛；花冠玫红色，阔漏斗形，裂片5枚，阔卵形，具深红色斑点；雄蕊10枚；子房卵球形，密被黄褐色刚毛状糙伏毛，花柱无毛。蒴果长圆状卵球形，花萼宿存。花期4月，果期9~10月。

利用价值：因花大而美丽，可供观赏。

物种分布：西区图书馆北侧、东区郭沫若路旁有栽培。分布于我国长江中下游流域等地。

木犀 *Osmanthus fragrans* (Thunb.) Lour.

科属:木犀科　木犀属
别名:桂、桂花

特征简介:常绿乔木或灌木。单叶对生,革质,常椭圆形,两面无毛,常上半部具细锯齿。聚伞花序簇生于叶腋;花极芳香;花萼长约1毫米,裂片稍不整齐;花冠颜色多样。果歪斜,呈紫黑色。花期9~10月上旬,果期翌年3月。

利用价值:供栽培观赏。花为名贵香料,可作食品香料。

物种分布:校园常见树木。原产于我国西南部。

其他:因其木质致密,纹理如犀,故又称木犀。桂花为我国十大名花之一,李清照酷爱桂花,有诗句“何须浅碧深红色,自是花中第一流”。品种较多,以花色可分为金桂(深黄色)、银桂(黄白色或近白色)和丹桂(橙红色或橙黄色)。以花期或叶形而言,还有其他品种。

迎春花 *Jasminum nudiflorum* Lindl.

科属：木犀科　素馨属
别名：旱莲木

特征简介：落叶灌木。枝条下垂，小枝四棱形。叶对生，三出复叶；小叶片卵形、长卵形，顶生小叶片较大。花单生于上年生小枝的叶腋；花萼绿色；花冠黄色，裂片5~6枚，短于花冠筒。花期1~3月。

利用价值：供栽培观赏。

物种分布：校园常见早春开花植物。世界各地普遍栽培。

野迎春

其他：西区也西湖岸边栽培有**野迎春** ***J. mesnyi* Hance**，俗称"云南黄馨""云南黄素馨"，常绿亚灌木。枝条下垂，小枝四棱形，无毛。叶对生，三出复叶，侧生小叶片较小。花通常单生于叶腋，稀双生或单生于小枝顶端；苞片叶状；花梗粗壮，花冠黄色，裂片6~8枚，长于花冠筒，栽培时出现重瓣。花期3月。因花大而美丽，可供观赏。我国各地均有栽培。

金钟花

连翘 *Forsythia suspensa* (Thunb.) Vahl

科属：木犀科　连翘属
别名：黄寿丹

特征简介：落叶灌木。茎丛生，枝条开展，拱形下垂，小枝褐色，4棱形，髓心中空。单叶或3小叶复叶，对生，卵形或卵状椭圆形，中部以上具锯齿。花金黄色，单生或2至数朵簇生于叶腋；花萼4裂，裂片与花冠筒近等长；花冠4裂。蒴果卵形。花期3~4月。

利用价值：早春开花，花色金黄，为优良的观花灌木。

物种分布：校园常见。除华南地区外，全国各地均有栽培。

其他：校园常栽培有**金钟花** ***F. viridissima* Lindl.**，落叶灌木。髓心成膜片状。花萼裂片长约花冠筒的一半。花期3~4月。早春开花，花色金黄，为优良的观花灌木。除华南地区外，全国各地均有栽培。

紫丁香 *Syringa oblata* Lindl.

科属：木犀科　丁香属

（胡颖摄）　白丁香

特征简介： 落叶小乔木。单叶，对生，叶片革质或厚纸质，卵圆形至肾形，宽常大于长，全缘，两面无毛。圆锥花序直立，由侧芽抽生；花萼钟状，有4齿；花冠紫色，裂片水平外展或外卷；花药位于花冠筒中部或稍上。蒴果长1~1.5厘米，压扁状，先端尖。花期3月下旬至4月，果期9~10月。

利用价值： 枝叶茂密，花美而香，为优良观赏花木。

物种分布： 中区理化科学实验中心旁边有栽培。在南区南门西侧有几株**白丁香** ***S. oblata* Lindl. var. *alba* Hort. ex Rehd.**，花冠白色为紫丁香的变种。花期同紫丁香。分布于华北、东北、西北（除新疆）以及西南地区。

女贞 *Ligustrum lucidum* Ait.

科属：木犀科　女贞属

别名：青蜡树、白蜡树

特征简介： 常绿灌木或乔木。树皮灰褐色。单叶对生，革质，卵形、长卵形，叶缘全缘，上面光亮，两面无毛。圆锥花序顶生，花序轴及分枝轴无毛；苞片常与叶同形；小苞片披针形或线形；花无梗或近无梗，芳香；花瓣4枚，白色；雄蕊2枚。果肾形或近肾形，深蓝黑色，成熟时红黑色，被白粉。花期6月，果期10~12月。

利用价值： 可作行道树。花可提取芳香油。果实、叶可入药。果含淀粉，可供酿酒或制酱油。种子油可制肥皂。

物种分布： 校园常见行道树。分布于我国长江以南至华南、西南各地。

小蜡 *L. sinense* Lour.

科属: 木犀科 女贞属

特征简介: 落叶灌木。小枝淡棕色。单叶对生,叶片薄革质,形状和大小变异较大,披针形、长圆状椭圆形、椭圆形、倒卵状长圆形至倒披针形或倒卵形。圆锥花序顶生,近圆柱形,分枝处常有1对叶状苞片;小苞片卵形;花萼无毛,萼齿宽卵形或钝三角形;花冠白色;雄蕊伸出裂片外,花丝与花冠裂片近等长或稍长。果倒卵形,呈紫黑色。花期4~5月,果期8~11月。

利用价值: 叶、树皮可入药。

物种分布: 校园常见。分布于华北、华中和西南等地。

其他: 校园偶见同属的**水蜡树** ***L. obtusifolium* Sieb. et Zucc.**,花冠筒长于裂片2~3倍,裂片不反卷,花药肥大,花药与花冠裂片近等长。常栽培作绿篱。原产日本。校园偶见**小叶女贞** ***L. quihoui* Carr.**,圆锥花序具柔毛。小花无柄,花冠筒与裂片近等长。以示区别。

柿 *Diospyros kaki* Thunb.

科属: 柿科 柿属

特征简介: 落叶大乔木。树皮裂成长方块状。叶互生,常卵状椭圆形,基部楔形。花雌雄同株或异株,花序腋生,为聚伞花序;雄花序小,弯垂,深4裂;雌花单生叶腋,花萼绿色,有光泽,深4裂。果形变化大。花期5~6月,果期9~10月。

利用价值: 可作园林绿化植物。可作木材。果实可食用。

物种分布: 东区郭沫若路和家属区有栽培。原产于我国长江流域。

其他: 东区第五教学楼附近栽培有**君迁子** ***D. lotus* L.**,雄花1~3朵簇生叶腋;花萼钟形,常4裂;雄蕊16枚,成对着生;雌花单生,花冠壶形,反曲,退化雄蕊8枚;花柱4枚;果实具宿萼。花期5~6月,果期10~11月。成熟果实可食用,亦可制成柿饼。可入药,或作木材。分布于秦岭至淮河以南等地。

夹竹桃 *Nerium indicum* Mill.

科属：夹竹桃科　夹竹桃属

别名：柳叶桃树、柳叶树

特征简介：常绿直立大灌木。叶3~4枚轮生，下枝为对生，窄披针形，深绿。聚伞花序顶生；花冠深红色或粉红色，栽培演变有白色或黄色，漏斗状，花冠筒内面被长柔毛，花冠喉部具5枚宽鳞片状副花冠，花冠裂片倒卵形。蓇葖果2枚，离生。种皮被锈色短柔毛。花期5~9月，夏秋为最盛，栽培植株很少结果。

利用价值：因花大而美丽，为园林绿化树种，可作行道树、绿篱。叶、茎皮可提制强心剂。

物种分布：西区第三教学楼北侧、科技楼东侧等地有栽培。分布于伊朗、印度、尼泊尔，现广泛栽培。

其他：叶、树皮、根、花、种子毒性极强，人、畜误食能致死。《Flora of China》将其学名修订为*N. oleander* L.

长春花 *Catharanthus roseus* (L.) G. Don

科属：夹竹桃科　长春花属

特征简介：半灌木。茎近方形，有条纹。叶膜质，倒卵状长圆形，先端浑圆，基部广楔形至楔形，渐狭而成叶柄。聚伞花序腋生或顶生，有花2~3朵；花冠红色，高脚碟状，喉部紧缩；花冠裂片宽倒卵形。蓇葖双生，直立。花期7~9月，果期9~10月。

利用价值：观赏花卉。植株可药用。

物种分布：校园常栽培于花坛。原产于非洲东部，栽培于热带和亚热带地区。

其他：栽培品种较多，花冠有红色、白色等颜色。

牡荆 *Vitex negundo* L. var. *cannabifolia*（Sieb. et Zucc.）Hand.–Mazz.

科属：马鞭草科　牡荆属

特征简介：落叶灌木。小枝四棱形。叶对生，掌状复叶，小叶5枚，少有3枚；小叶片披针形或椭圆状披针形，顶端渐尖，基部楔形，叶缘有粗锯齿，常被柔毛。圆锥花序顶生，长10~20厘米；花冠淡紫色。果实近球形，黑色。花期6~7月，果期8~11月。

利用价值：供观赏。茎皮可造纸。茎叶可入药。

物种分布：东区艺术中心东边有一株。分布于华东、华中和西南各地。

其他：像这么粗大的牡荆在城市里少见，因周围大树遮阴，长势不良，建议校绿化部门对其加强管护。

毛泡桐 *Paulownia tomentosa*（Thunb.）Steud.

科属：玄参科　泡桐属

特征简介：乔木，高达20米。叶交互对生，叶片心脏形，长达40厘米，上面毛稀疏。花序为金字塔形或狭圆锥形；萼浅钟形，外面绒毛不脱落，分裂至中部或裂过中部；花冠紫色，漏斗状钟形，檐部2唇形。花期3月下旬至4月，果期8~9月。

利用价值：因花大而美丽，供观赏。

物种分布：西区健身区、东区家属区有栽培。分布于华东、华中和西南等地。

梓 *Catalpa ovata* G. Don

科属：紫葳科　梓属

别名：楸、花楸、黄花楸

特征简介：落叶乔木。叶对生，稀轮生，阔卵形，顶端渐尖，基部心形，叶缘浅波状，常3浅裂，叶面粗糙。顶生圆锥花序，花冠钟状，淡黄色，内面具2黄色条纹及紫色斑点，能育雄蕊2枚。蒴果线形，下垂。花期5月，果期9~11月。

利用价值：供栽培观赏。果实(梓实)入药。叶或树皮可做农药。

物种分布：东区现代艺术中心北侧、足球场南侧及家属区有栽培。分布于东北、华北及长江流域。

其他：梓读“zǐ”。南区南门东侧栽培有楸 ***C. bungei*** **C. A. Mey.**，叶三角状卵形，顶端长渐尖，全缘，两面无毛，基生3出脉。顶生伞房总状花序，有花2~12朵；花冠淡红色，内面具有2黄色条纹及暗紫色斑点。花期4月，果期6~10月。树形优美，花朵美丽，可栽培观赏。木材坚硬，为良好的建筑用材。分布于我国黄河流域和长江流域。因自花授粉不亲和性，往往无果。

楸

(陈江峰摄)

琼花 *Viburnum macrocephalum* Fort. f. *keteleeri* (Carr.) Rehd.

科属：忍冬科　荚蒾属

别名：绣球、八仙花

特征简介：落叶或半常绿灌木。芽、幼枝、叶柄及花序均密被灰白色或黄白色簇状短毛。叶对生，纸质，卵形至椭圆形，叶缘有小齿。聚伞花序仅周围具大型的不育花，中间为小的可育花，有总花梗；可育花的萼齿卵形，长约1毫米；花冠白色，5基数，辐状；雄蕊稍高出花冠。成熟果实黑色。花期4月。

利用价值：因花大而美丽，供观赏。

物种分布：西区科技楼西北角、电三楼东侧有栽培。分布于华中和华东地区。

锦带花 *Weigela florida* (Bunge) A. DC.

科属:忍冬科　锦带花属

别名:海仙花

特征简介:落叶灌木。幼枝稍四棱形。单叶对生,椭圆形,叶缘有锯齿,具短柄至无柄。花双生或成聚伞花序生于侧生短枝,萼齿深达萼檐中部;花冠紫红色或玫瑰红色,内面浅红色;花丝短于花冠,花药黄色;花柱细长,柱头2裂。果实顶端具短喙。花期4~6月。

利用价值:因花朵颜色艳丽,花期长,可供观赏。

物种分布:西区第三教学楼南、东区眼镜湖旁有栽培。分布于东北及河北、山西、山东北部等地。

其他:《Flora of China》将锦带花修订为锦带花科。

日本珊瑚树 *Viburnum odoratissimum* Ker.-Gawl. var. *awabuki* (K. Koch) Zabel ex Rumpl.

科属: 忍冬科　荚蒾属

别名: 珊瑚树、法国冬青

特征简介: 常绿灌木。叶对生或3叶轮生,革质,常矩圆形,基部宽楔形,叶缘常有较规则的波状浅钝锯齿,侧脉6~8对。圆锥花序生于枝顶;花冠筒长约4毫米,裂片长2~3毫米;花柱较细,长约1毫米,柱头常高出萼齿。果实红色。花期5月,果熟期9~10月。

利用价值: 因四季常绿,为园林绿化树种,常作绿篱。

物种分布: 校园常见。分布于我国的浙江和台湾。日本和朝鲜也有。

接骨木 *Sambucus williamsii* Hance

科属: 忍冬科　接骨木属

形态特征: 落叶灌木。茎皮孔明显,枝髓发达,黄褐色。奇数羽状复叶,对生,小叶5~7枚。聚伞圆锥花序顶生。花小,花萼筒杯状,花冠辐状,雄蕊5枚,子房下位。浆果状核果,直径3~5毫米,红色至紫黑色。花期4~5月。

利用价值: 为重要的中草药,俗称"接骨丹"。枝叶繁茂,红果累累,可栽培观赏。

物种分布: 东区幼儿园围墙外和家属区48幢楼附近有零星栽培。分布于我国各地。

(范扬梅摄)

白蟾

栀子 *Gardenia jasminoides* Ellis

科属：茜草科　栀子属

别名：黄果子、黄栀子

特征简介：灌木。叶对生，革质，稀3枚轮生，叶形多样，常椭圆形，上面亮绿。花芳香，常单朵生于枝顶，花冠白色或乳黄色，高脚碟状，常6裂。果卵形，有翅状纵棱5~9条，萼片宿存。花期5~6月，果期9~11月。

利用价值：因花美丽芳香，为观花植物。成熟果实可入药、提取染料，花可提取香料。

物种分布：校园常见，东区郭沫若广场周边、食堂南部、西区等地有栽培。分布于我国中南部。

其他：白蟾 ***G. jasminoides*** **Ellis var.** ***fortuniana*** **(Lindl.) Hara**为栀子的变种，不同之处在于白蟾的花重瓣，校园常见。

绣球 *Hydrangea macrophylla* (Thunb.) Ser.

科属：虎耳草科　绣球属

别名：八仙花、紫阳花

特征简介：落叶丛生灌木。叶对生，倒卵形至宽椭圆形，边缘于基部以上具粗齿；叶柄粗壮。伞房状聚伞花序近球形，花密集，多数不育；不育花萼片4枚，粉红色、淡蓝色或白色；可育花极少数，花瓣长圆形；雄蕊10枚；花柱3枚。蒴果。花果期5月下旬至7月。

利用价值：因花大而美丽，可栽培观赏。

物种分布：东区家属区29号楼前有栽培。我国黄河流域以南各大城市公园常见栽培。

其他：因花密集呈球形，故名“绣球”。绣球别名“紫阳花”，白居易诗赞曰：“虽在人间人不识，与君名作紫阳花。”绣球花的颜色是随着土壤酸碱度而变化的，土壤呈酸性时花呈粉红色，碱性时花呈蓝色。

（王明珠摄）

棕榈 *Trachycarpus fortunei*（Hook.）H. Wendl.

科属：棕榈科　棕榈属

别名：棕树

特征简介：常绿柱状乔木。茎具不易脱落的密集的网状纤维状的老叶柄残基。大型叶片近圆形，深裂成30~50枚具皱折的线状剑形，裂片先短2裂或2齿。花序粗壮，从叶腋抽出，常雌雄异株。雄花黄绿色，花萼3枚，卵状急尖，雄蕊6枚；雌花序上枚有3枚佛焰苞包着；雌花淡绿色，常2~3朵聚生，退化雄蕊6枚。果成熟时由黄色变为淡蓝色，有白粉。花期4月，果期8~10月。

利用价值：园林观赏树种。果实、叶、花、根等可入药。棕皮纤维可作绳索，编蓑衣、棕绷、地毡等。

物种分布：校园常见植物。分布于长江以南各地。

其他：棕榈读“zōnglǘ”。

凤尾丝兰 *Yucca gloriosa* L.

科属：百合科　丝兰属

特征简介：常绿灌木。茎明显。剑形叶莲座状簇生，坚硬，叶缘近无丝状纤维，顶端呈硬刺。花葶高大而粗壮；花近白色，下垂，排成狭长的圆锥花序；花被片6枚，长3~4厘米；花丝有疏柔毛；花柱长5~6毫米。秋季开花。

利用价值：供栽培观赏。由于叶坚硬，顶端呈硬刺，常栽培作绿篱。

物种分布：原校园常见栽培，现因道路扩建被毁，建议校绿化部门补栽。原产于北美，各地均有栽培。

孝顺竹 *Bambusa multiplex* (Lour.) Raeusch. ex Schult.

科属：禾本科　簕竹属

特征简介：秆密集丛生，高3~6米。竹节长30~40厘米，秆壁较厚，幼时节间具白色小刺毛。箨叶直立，三角形，顶端渐尖；箨叶鞘硬脆，厚纸质，绿色，无毛，长为节间的1/2～3/4；箨叶耳缺；箨叶舌长约1毫米。每小枝常具5～10枚叶片，叶片具次脉4～8对，无小横脉；叶鞘无毛；叶舌截平，长0.5毫米。笋期9～11月。

利用价值：四季常青，极具庭院观赏价值。

物种分布：西区第三教学楼和北门有栽培。分布于华南和西南等地。

其他：竹子属于多年生一次性开花植物，开花结实后全株死亡，一般寿命60~120年。竹子的品格倍受历代文人墨客的赞誉，像苏轼的名句："宁可食无肉，不可居无竹"。

观音竹 *Bambusa multiplex* (Lour.) Raeusch. ex Schult. var. *riviereorum* R. Maire

科属：禾本科　簕竹属

别名：凤尾竹

特征简介：秆丛生，植株低矮，1~2米，铺散。茎枝细，实心，直径3~5毫米；小枝具13～23枚叶，且常下弯呈弓状；叶片小而密，长2~4厘米，宽3~7毫米，老叶不断脱落，新叶陆续生出。笋期夏秋季。

利用价值：株型别致，四季常绿，极具观赏价值，常栽植于庭院或作绿篱。

物种分布：东区黄山路北门刻有校名的大石头右侧有栽植。

刚竹 *Phyllostachys sulphurea* (Carr.) A. et C. Riv. cv. 'Viridis'

科属：禾本科　刚竹属

特征简介：秆散生，高5~10米，淡绿色，分枝以下的秆环不明显，微被白粉，老竹仅节下具白粉环。箨叶狭长三角形，下垂，多少波折；箨叶鞘无毛，淡肉黄色或淡绿色，其上具棕褐色斑纹和深绿色纵脉；无箨叶耳；箨叶舌微呈弧形。每小枝常具2~6枚叶片，叶片披针形，常黄绿色，长6~15厘米，宽1.5~2.2厘米；叶鞘口具发达的叶耳与硬毛，老时可脱落。笋期5~7月。

利用价值：竹材作农具，或竹编制品。可供观赏。嫩笋可食用。

物种分布：西区国家同步辐射实验室园区、也西湖旁和东区幼儿园有栽培。原产我国，分布于黄河流域至长江流域以南地区。国外有栽培。

其他：刚竹具有多个栽培类型。此外，东区专家楼附近栽培有刚竹属的另一种植物——**紫竹** ***Ph. nigra* (Lodd. ex Lindl.) Munro**，秆高3~6米，幼秆绿色，成熟为紫色或紫黑色；箨叶淡玫瑰紫色，无斑点。叶片2或3枚生于小枝顶端；叶舌深紫色。笋期4月下旬。原产我国南方，现各地栽培。

（杨代霞摄）紫竹

菲白竹 *Sasa fortunei* (Van Houtte) Fiori

科属：禾本科　赤竹属

特征简介：多年生丛生半灌木，竹鞭纤细。秆纤细，常不分枝，高30~80厘米。小枝具7~15枚叶片；箨叶鞘宿存，鞘口繸毛白色，叶片披针形，长8~15厘米，具黄色或近白色纵条纹。

利用价值：四季常青，极具庭院观赏价值，作绿篱或盆栽。

物种分布：西区第三教学楼旁有栽培。原产于日本。

其他：《Flora of China》将其学名修订为 *Pleioblastus fortunei*（Van Houtte）Nakai。

第2部分

藤本植物

藤本是指茎干细长，不能直立，
匍匐地面或攀附他物而生长的植物。

按其茎的质地，
可分草质藤本（如牵牛）和木质藤本（如葡萄）；

依其攀附方式，
有攀援藤本（如常春藤）、缠绕藤本（如牵牛）、
吸附藤本（如爬山虎）和卷须藤本（如葡萄）之别。

匍匐地面的藤本植物往往是比较耐阴的，
可通过形成不定根扩大对水和无机养分的吸收。

攀附生长的藤本植物一般是喜光的，
通常借助各种特定的攀附器官到达林冠的上层。

所以，
藤本植物因攀附器官的多样性，
是一类适应性与竞争能力较强的植物。

本部分介绍中国科大校园藤本植物26种。

葎草 *Humulus scandens* (Lour.) Merr.

科属：大麻科　葎草属

别名：锯锯藤

特征简介：一年生缠绕草本，茎左旋。茎、枝、叶柄均具倒钩刺。叶片对生，纸质，肾状五角形，掌状5~7深裂，表面粗糙，叶缘具锯齿。圆锥花序；雌花序球果状，苞片三角形。瘦果成熟时露出苞片外。花期春夏，果期秋季。

利用价值：可作药用。种子油可制肥皂。

物种分布：校园春夏季节常见攀援杂草。除青海和新疆外，我国其他各地均有分布。

何首乌 *Polygonum multiflorum* Thunb.

科属：蓼科　蓼属

别名：多花蓼

特征简介：多年生缠绕草本，茎右旋。块根肥厚。茎具纵棱，无毛。单叶互生，叶卵形或长卵形，顶端渐尖，基部心形，全缘；一般叶正面有白色斑纹；托叶鞘膜质，偏斜，无毛。花序圆锥状，每苞内具2~4花；花被5深裂，白色或淡绿色，裂片椭圆形，大小不等，外面3枚较大背部具翅，果时增大，雄蕊8枚，花柱3枚。瘦果具3棱，包于宿存花被内。花期9~10月，果期9~10月。

利用价值：可作绿化植物。块根入药。

物种分布：校园常见野生植物，东区操场围栏区较多。分布于华北至长江以南等地。

其他：《Flora of China》将其恢复何首乌属，其学名修订为 *Fallopia multiflora* (Thunb.) Harald.。校园常见杠板归 ***P. perfoliatum*** **L.**，一年生草质藤本。茎具稀疏的倒生皮刺。叶互生，三角形，顶端钝或微尖，基部截形或微心形，下面沿叶脉疏生皮刺；叶柄与叶片近等长，具倒生皮刺，盾状着生于叶片的近基部；托叶鞘叶状，绿色，近圆形，穿叶。总状花序呈短穗状，

杠板归

不分枝，苞片卵圆形，每苞片具花2~4朵；花被5深裂，白色或淡红色。瘦果球形，黑色，包于宿存花被内。花期6~8月，果期7~10月。常见野草。除我国西北地区外，各地分布广泛。

爬山虎 *Parthenocissus tricuspidata*（Sieb. et Zucc.）Planch

科属：葡萄科　爬山虎属

别名：趴墙虎、爬墙虎、地锦

特征简介：木质藤本。卷须与叶对生，卷须5~9分枝，顶端嫩时膨大呈圆球形，后遇附着物扩大成吸盘。叶两型，花枝上叶为单叶，幼枝和老枝下部的叶3全裂或3小叶复叶；叶片常倒卵圆形，三浅裂，基部心形，叶缘有粗锯齿，上面绿色，无毛，基出脉5枚；新苗和萌发枝为三出复叶。花序生于短枝上，多歧聚伞花序；花萼碟形，花瓣5枚，雄蕊5枚，花柱明显。果实球形。花期6月，果期9~10月。

利用价值：垂直绿化植物。根入药，能祛瘀消肿。

物种分布：校园常见。分布于华北、华东等地。

其他：叶片和叶柄分别脱落，故为单身复叶。西区南侧围墙栽培有**五叶地锦** ***P. quinquefolia*** **（L.）Planch.**，木质藤本，枝条圆柱形，光滑。卷须相隔2节间断与叶对生，总状5~9分枝，末端幼嫩卷曲，遇附属物变为吸盘。掌状复叶具5小叶，具粗齿。多歧聚伞花序。花期6~7月。常用于公园假山和围墙绿化。长江流域以北广泛栽植。原产于北美洲。

五叶地锦

乌蔹莓 *Cayratia japonica*（Thunb.）Gagnep.

科属：葡萄科　乌蔹莓属

别名：五爪龙

特征简介：多年生草质藤本。小枝有纵棱纹。卷须2~3叉分枝，相隔2节间断与叶对生。叶互生，为鸟足状5小叶，叶缘每侧有6~15个锯齿；托叶早落。花序腋生，复二歧聚伞花序；花萼碟形，花瓣4枚，三角状卵圆形；雄蕊4枚，花盘发达，4浅裂；子房下部与花盘合生，花柱短。果实近球形。花期6~7月，果期7~9月。

利用价值：全草入药，有凉血解毒、利尿消肿之功效。

物种分布：校园常见。分布于华东和中南等地。

其他：蔹读"liǎn"。

马兜铃 *Aristolochia debilis* Sieb. et Zucc.

科属：马兜铃科　马兜铃属

形态特征：多年生草质藤本植物，叶互生，三角形，基部心形，顶端圆钝。花单生叶腋，花被基部膨大呈球状，中部细喇叭管状，顶端歪斜呈舌状，子房下位。蒴果果脐不裂，自室间至果柄6裂，形似吊着的铃铛。花期6~8月。

利用价值：根入药称"青木香"，茎入药叫"天仙藤"，果入药谓"马兜铃"。

物种分布：校园偶见。分布于黄河以南地区。

扁豆 *Lablab purpureus* (L.) Sweet

科属：豆科　扁豆属

别名：藤豆

特征简介：一年生缠绕藤本，茎右旋。全株几无毛。羽状三出复叶，互生；托叶基着，披针形；小托叶线形；小叶宽三角状卵形，侧生小叶两边不等大，偏斜。总状花序直立，花序轴粗壮，小苞片2枚，脱落；花2至多朵簇生于节上；花萼钟状，花冠白色或紫色，旗瓣圆形。荚果长圆状镰形，扁平，顶端有弯曲的尖喙。花果期6~11月。

利用价值：嫩荚作蔬食。白花和白色种子入药。

物种分布：校园常见栽培，或逸生于荒地。我国各地广泛栽培。

其他：荚果扁平，故名"扁豆"。但豆科其他植物也有扁平的荚果。

野大豆 *Glycine soja* Sieb. et Zucc.

科属：豆科　大豆属

别名：藤豆

特征简介：一年生缠绕草本，茎右旋。茎、小枝纤细，全体疏被褐色长硬毛。叶具3小叶，互生，顶生小叶卵圆形或卵状披针形，侧生小叶斜卵状披针形；托叶卵状披针形。总状花序较短；花小，长约5毫米；苞片披针形；花萼钟状，密生长毛，萼片5枚，三角状披针形；花冠淡红紫色或白色，旗瓣近圆形，先端微凹，翼瓣斜倒卵形，龙骨瓣比旗瓣及翼瓣短小。荚果长圆形，稍弯，密被长硬毛，每荚含1~4粒种子。花期6月下旬至8月，果期8~10月。

利用价值：种子含油脂，可食。植株可做饲料；藤蔓纤维可做织物。

物种分布：西区特种实验室南边荒地、图书馆附近草地上可见。我国除新疆、青海和海南外，遍布各地。

紫藤 *Wisteria sinensis* (Sims) Sweet

科属: 豆科　紫藤属

别名: 藤萝树、紫藤花

特征简介: 落叶藤本。茎右旋。奇数羽状复叶互生,长15~25厘米;托叶线形,早落;小叶3~6对;小托叶刺毛状,宿存。先花后叶,总状花序生于短枝上,苞片披针形,早落;花长2~2.5厘米,芳香;花冠紫色,旗瓣圆形,先端略凹陷。荚果倒披针形,密被绒毛,悬垂枝上不脱落;种子1~3粒。花期3月下旬~4月,果期5~8月。

利用价值: 本种我国自古即栽培作庭园棚架植物,花芳香,用作观赏。种子有小毒。

物种分布: 校园常见,东区老北门、艺术中心和西区校车站附近有栽培。分布于河北以南,黄河长江流域及陕西等地。

常春藤 *Hedera nepalensis* K. Koch. var. *sinensis* (Tobl.) Rehd.

科属：五加科　常春藤属

别名：爬树藤、爬墙虎

特征简介：常绿攀援藤本。具气生根。叶互生，革质，在不育枝上通常为三角状卵形或三角状长圆形，叶缘全缘或3裂。伞形花序单个顶生，或2~7朵总状排列，或伞房状排列成圆锥花序；花淡黄白色或淡绿白色；花瓣5枚，三角状卵形；雄蕊5枚；花盘隆起，黄色；花柱全部合生成柱状。果实球形。花期7~8月，果期翌年3~5月。

利用价值：枝叶供观赏用。全株入药。

物种分布：校园常见植物。分布于华北、华东及西南等地。《Flora of China》将其学名修订为 *H. sinensis* (Tobl.) Hand.-Mazz.。

扶芳藤 *Euonymus fortune* (Turcz.) Hand.-Mazz.

科属：卫矛科　卫矛属

特征简介：常绿木质藤本。具多数细小气生根附着他物。叶对生，薄革质，椭圆形、边缘齿浅不明显。聚伞花序腋生；花白绿色，4数；花盘方形。蒴果粉红色，果皮光滑，近球状；假种皮鲜红色，全包种子。花期7月，果期10月。

利用价值：枝叶常绿，喜攀援，常作绿篱。

物种分布：西区也西湖岸边可见。分布于华东、华中、华北、华南及西南各地。

木防己 *Cocculus orbiculatus*（L.）DC.

科属：防己科　木防己属

别名：青藤、打鼓藤

特征简介：落叶缠绕藤本，茎右旋。单叶，互生，叶片纸质至近革质，形状多变，宽卵形或卵状长圆形，掌状基出脉3条；叶柄长1~3厘米。聚伞花序少花，或多花排成狭窄聚伞圆锥花序，顶生或腋生；雄花：萼片6枚，花瓣6枚，顶端2裂，雄蕊6枚，比花瓣短；雌花：萼片和花瓣与雄花同数，退化雄蕊6枚，微小。核果近球形。花期5~9月，果期9~10月。

利用价值：根和茎可供药用。茎皮纤维可制绳索，也可作人造棉及纺织原料。

物种分布：西区二里河边及电三楼东侧草地可见。分布于华东、华中、华南、华北及西南各地。

萝藦 *Metaplexis japonica*（Thunb.）Makino

科属：萝藦科　萝藦属

特征简介：多年生草质藤本，具白色乳汁。叶对生，卵状心形，顶端短渐尖，基部心形，叶耳圆，两面无毛，或幼时被微毛；叶柄顶端具丛生腺体。总状聚伞花序腋生或腋外生；花萼裂片披针形；花冠白色，有淡紫红色斑纹，近辐状，花冠筒短，裂片披针形，张开，顶端反卷，内面被柔毛；副花冠环状，着生于合蕊冠上；柱头延伸成1长喙。蓇葖果单生，纺锤形，顶端急尖，基部膨大。种子扁平，有膜质边缘，顶端具白色细绢毛。花期7~8月，果期9~12月。

利用价值：全株可药用。茎皮纤维坚韧，可作人造棉。

物种分布：校园可见，生于路旁灌木丛中及荒地。分布于我国华东、华中、西南、西北、华北地区。

威灵仙 *Clematis chinensis* Osbeck

科属：毛茛科　铁线莲属

别名：铁脚威灵仙、青风藤、白钱草

特征简介：木质藤本。干后变黑色。叶对生，一回羽状复叶，小叶5枚，偶尔基部一对以及第二对2~3裂至2~3小叶；小叶卵形或卵形披针形，全缘，近无毛。圆锥花序，具多数花，腋生或顶生；萼片4枚，白色，展开；无花瓣；雄蕊多数。瘦果扁，3~7枚，长5~7毫米，羽状花柱长2~5厘米。花期7月下旬至9月，果期8~11月。

利用价值：因花洁白而芳香，可供观赏。根入药。全株又可做农药。

物种分布：西区北门南侧灌木丛中有生长。广布于长江流域中、下游及以南各地。

旋花 *Calystegia sepium* (L.) R. Br.

科属：旋花科　打碗花属

别名：篱打碗花、篱天剑

特征简介：多年生缠绕草本，无毛。茎细长，有细棱，右旋。单叶互生，叶形多变，三角状卵形或宽卵形，顶端渐尖或锐尖，基部戟形或心形，全缘或基部稍伸展为具2~3枚大齿的裂片。花腋生，花梗常稍长于叶柄；苞片2枚，萼片5枚，藏于苞片内；花冠常白色、稀淡红色或紫色，漏斗状；柱头2裂。蒴果卵形，为增大的宿存苞片和萼片所包被。花果期4~9月。

利用价值：花美，可供观赏。根可入药。

物种分布：校园常见野生藤本植物。分布于我国甘肃、陕西以南大部分地区。

牵牛 *Pharbitis nil* (L.) Choisy

科属：旋花科　牵牛属
别名：牵牛花、喇叭花

特征简介：一年生缠绕草本，茎右旋，全株被粗硬毛。叶互生，近卵状心形，常3裂，顶端尖，基部心形。花序有花1~3朵；萼片5枚，基部密被开展的粗硬毛，裂片条状披针形；花冠漏斗状，白色、蓝紫色或紫红色，长5~8厘米，顶端5浅裂。蒴果球形。花果期7~10月。

利用价值：因花大而美丽，可供观赏。

物种分布：校园常见，生于路边、荒地。除西北和东北的部分地区外，我国大部分地区都有分布。

其他：校园常见的还有圆叶牵牛 ***P. purpurea*** **(L.) Voigt**，叶心形，常全缘，顶端尖，基部心形。其余同牵牛。花果期7~10月。因花大而美丽，可供观赏。生于路边、荒地。我国大部分地区都有分布。

茑萝松 *Quamoclit pennata* (Desr.) Boj.

科属：旋花科　茑萝属
别名：茑萝

特征简介：一年生细柔缠绕草本，无毛，茎右旋。叶互生，常羽状深裂为10~18对线形裂片。花序腋生；花柄较花萼长，果期膨大；萼片稍不等长；花冠呈高脚碟状，深红色，具较长花冠筒。蒴果，4裂。种子黑色。花期夏秋季。

利用价值：因花期长，花朵色彩艳丽，为美丽的庭院观赏植物。

物种分布：校园家属区偶有栽培。原产南美洲。

其他：《Flora of China》已将其学名修订，恢复使用林奈最早于1762年发表的学名 *Ipomoea quamoclit* L.（为甘薯属）。建议校绿化部门在校园花圃多种植。

厚萼凌霄 *Campsis radicans*(L.) Seem.

科属: 紫葳科　凌霄属

别名: 美国凌霄、杜凌霄

特征简介: 藤本,具气生根。奇数羽状复叶对生,小叶9~11枚,椭圆形至卵状椭圆形,长3.5~6.5厘米,顶端尾状渐尖,基部楔形,叶缘具齿,上面深绿色,下面淡绿色,被毛。花萼钟状,5浅裂至萼筒的1/3处,裂片齿卵状三角形;花冠筒细长,漏斗状,橙红色至鲜红色,筒部为花萼长的3倍。蒴果长圆柱形,顶端具喙尖,硬壳质。花期5~10月,果期10~11月。

利用价值: 因花大而美丽,花期长,为园林绿化植物。花可代凌霄花入药,功效与凌霄花类同。

物种分布: 校园围栏、围墙上较常见。原产于北美洲。

枸杞

白英 *Solanum lyratum* Thunb.

科属：茄科　茄属

别名：蔓茄、山甜菜

特征简介：草质藤本，长0.5~1米。茎及小枝均密被具节长柔毛。叶互生，多数为琴形，基部常3~5深裂，裂片全缘；叶柄长1~3厘米，被有与茎枝相同的毛。聚伞花序顶生或腋外生；花冠蓝紫色或白色，5深裂，裂片椭圆状披针形。浆果球状，成熟时红黑色，直径约8毫米。花期夏秋，果熟期秋末。

利用价值：全草入药，可治小儿惊风；果实能治风火牙痛。

物种分布：校园常见野生藤本植物。分布于我国甘肃、陕西以南大部分地区。

其他：校园的茄科植物还有**枸杞** ***Lycium chinense*** **Mill.**，为枸杞属，落叶蔓生灌木或藤本，具棘刺。单叶，互生。花冠淡紫色。浆果红色，1~1.5厘米。花果期6~10月。见于东区西门绿化带中。分布于我国南北各地。枸杞全株可药用，春采叶，夏摘花，秋食果，冬挖根。

鸡矢藤 *Paederia scandens* (Lour.) Merr.

科属：茜草科　鸡矢藤属

别名：鸡屎藤

特征简介：藤本，茎左旋，具特殊臭味。单叶对生，纸质，形状变化很大，托叶长3~5毫米，无毛。圆锥花序式的聚伞花序腋生和顶生；花冠裂片白色，中央紫红色。果球形，成熟时近黄色，有光泽，顶冠以宿存的萼檐裂片和花盘。花期7~9月。

利用价值：可入药，外用治皮炎、湿疹、疮疡肿毒。

物种分布：校园多生于路边或攀于其他植物上。分布于长江流域以南各地。

其他：因具特殊的臭味得名“鸡屎藤”，但“屎”字出现在名字中不雅观，故正名为“鸡矢藤”。

忍冬 *Lonicera japonica* Thunb.

科属：忍冬科　忍冬属

别名：金银花

特征简介：半常绿藤本，茎左旋。幼枝密被毛，老枝无毛。叶对生，纸质，卵形至矩圆状卵形，小枝上部叶常两面均密被短糙毛；叶柄密被短柔毛。花双生，总花梗通常单生于小枝上部叶腋，苞片大，叶状；花冠白色，有时基部向阳面呈微红，后变黄色，唇形；雄蕊和花柱均高出花冠。果实圆形，熟时蓝黑色，有光泽。花期4~6月（秋季亦常开花），果熟期10~11月。

利用价值：可观赏，也可入药。

物种分布：校园常见。全国各地均有分布。

其他：因花冠先白色后变黄色，故名“金银花”。因气候变暖，忍冬已由半常绿变为常绿植物。

黄独 *Dioscorea bulbifera* L.

科属：薯蓣科　薯蓣属

别名：黄药子

形态特征：多年生草质藤本植物，地下具卵球形块茎。茎左旋。单叶互生，叶腋常具球形珠芽，被圆斑；叶片近圆形，基部心形，顶端尾尖，基出弧形脉7~11条。花单性，雌雄同株。蒴果反折，下垂。花期8~9月。

利用价值：块茎和珠芽入药，味苦。

物种分布：北区家属区有生长。分布于淮河流域以南地区。

其他：校园还偶见另一种同属植物——**薯蓣 *D. opposita* Thunb.**，地下具圆柱形块茎。茎右旋。叶三角状卵形，基部心形，顶端钝，叶腋具小珠芽。雌雄同株，雄花序轴常呈曲折状。翅果长宽近相等。花期6~9月。块茎入药或食用。全国广布。《Flora of China》将薯蓣的学名修订为 *D. polystachya* Turcz.。

第3部分

草本植物

草本是指茎内木质部不发达，
木质化细胞较少的植物。

植株一般较矮小，茎干（秆）一般柔软，
多数在生长季节终了时，其整体或地上部分死亡。

根据其完成整个生活史的年限长短，
确切地说是按生长季节的数量，
可分为一年生草本植物（如玉米，具一个生长季节）、
二年生草本植物（如胡萝卜，具两个生长季节）和
多年生草本植物（如石蒜）。

草本与木本之间的界线不是绝对的，
由半灌木将两者联系起来。

草本习性属于种子植物进化中次生的高级特征。

尤其是一年生植物，通过种子度过不良环境，
是植物界中适应能力最强的类群。

此外，
草本植物的大小差异悬殊，
世界上最小的草本植物是芜萍（见于西区池塘），
植物体只有针尖大小，竟然也能开花。

本部分介绍中国科大校园草本植物189种。

井栏边草 *Pteris multifida* Poir.

科属：凤尾蕨科　凤尾蕨属
别名：凤尾草

特征简介：植株高30~45厘米。根状茎短而直立。叶多数，密而簇生，叶二型；不育叶稍有光泽，光滑；叶片卵状长圆形，一回羽状，羽片通常3对，对生，无柄，线状披针形，下部1~2对常分叉，顶生三叉羽片及上部羽片的基部显著下延，在叶轴两侧形成宽3~5毫米的狭翅；能育叶有较长的柄，羽片4~6对，狭线形，仅不育部分具锯齿，其余均全缘，上部几对的基部下延，在叶轴两侧形成宽3~4毫米的翅。孢子囊群线形，沿叶缘着生。
利用价值：可作观赏。全草入药。
物种分布：校园常见，生于阴暗潮湿的砖缝中。分布于华北、华东及西南等地。

渐尖毛蕨 *Cyclosorus acuminatus*（Houtt.）Nakai

科属：金星蕨科　毛蕨属
别名：尖羽毛蕨

特征简介：植株高70~80厘米。根状茎长而横走。叶二列远生，长圆状披针形，先端尾状渐尖并羽裂，基部不变狭，二回羽裂；羽片13~18对，有极短柄，互生，或基部的对生；叶脉下面隆起，清晰；叶坚纸质，干后灰绿色，除羽轴下面疏被针状毛外，羽片上面被极短的糙毛。孢子囊群圆形，生于侧脉中部以上，每裂片5~8对；囊群盖大，深棕色或棕色，密生短柔毛，宿存。
利用价值：可供观赏。
物种分布：校园常见，生于阴暗环境，西区第三教学楼、东区家属区可见。分布于秦岭至长江以南各地。
其他：叶顶端尾状渐尖并羽裂，故名渐尖毛蕨，幼叶蜷卷。

针毛蕨 *Macrothelypteris oligophlebia* (Bak.) Ching

科属：金星蕨科　针毛蕨属

形态特征：植株高70~100厘米，光滑无毛。叶柄长25~45厘米，叶片三回羽状裂，一回羽片15~20对，披针形；二回羽片披针形，尾尖；末回羽片背面具3~7对孢子囊群，囊群盖极小。
利用价值：园林绿化。
物种分布：东区出版社老楼和二教北侧有分布。分布于我国长江流域。

（孟继光摄）

莲 *Nelumbo nucifera* Gaertn.

科属：莲科　莲属

别名：莲花、荷花

特征简介：多年生水生草本。根状茎横生，肥厚，节间膨大，内有多数纵行通气孔道，节部缢缩。叶圆形，盾状，直径25~90厘米，全缘稍呈波状，上面光滑，具白粉；叶柄中空，外面生小刺。花直径10~20厘米，美丽，芳香；花瓣红色、粉红色或白色，矩圆状椭圆形至倒卵形，由外向内渐小，花药条形，花丝细长，着生在肉质花托基部外围；花柱极短，柱头顶生；花托（莲房）直径5~10厘米。坚果埋于肉质花托内，果皮革质，熟时黑褐色；种子（莲子）卵形或椭圆形。花期6~8月，果期8~10月。

利用价值：可供观赏。根状茎（藕）、种子供食用，花托、花等部位作药用。

物种分布：东区眼镜湖、西区生命科学学院旁的湖中有栽培。分布于我国南北各地。

其他：莲的叶和花都美丽，自古就被人歌颂，如“接天莲叶无穷碧，映日荷花别样红”。荷花为我国十大名花之一，有花中仙子和水中芙蓉之誉，周敦颐有诗为证：“出淤泥而不染，濯清涟而不妖。”

萹蓄 *Polygonum aviculare* L.

科属:蓼科　蓼属

别名:扁竹、竹叶草

特征简介:一年生草本。茎自基部多分枝，铺散。叶椭圆形，狭椭圆形或披针形，顶端钝圆或急尖，基部楔形，叶缘全缘，两面无毛；近无柄；托叶鞘膜质，下部褐色，上部白色，撕裂，纵脉纹明显。花单生或数朵簇生于叶腋；花被5深裂，绿色，边缘白色或淡红色；雄蕊8枚，花柱3枚，柱头头状。花果期5~8月。

利用价值:全草供药用。

物种分布:校园常见，生于路边、草坪。分布于我国各地。

其他:萹蓄读“biānxù”。

长鬃蓼 *Polygonum longisetum* De Br.

科属:蓼科　蓼属

特征简介:一年生草本。叶披针形；近无柄；托叶鞘膜质，筒状，顶端截形，具缘毛。总状花序呈穗状，细弱；苞片边缘具长缘毛；花被5深裂，淡红色或紫红色；雄蕊6~8枚；花柱3枚。瘦果，黑色，包于宿存花被内。花果期6~11月。

利用价值:花虽小，但色彩艳丽，可观赏。对二氧化硫敏感，可为大气污染监测植物。

物种分布:校园常见野生草本，秋、冬季二里河北岸较多。分布广泛。

其他:校园常见的还有绵毛酸模叶蓼 ***P. lapathifolium*** **L. var.** ***salicifolium*** **Sibth.**，高40~90厘米。茎直立，节部膨大。叶片披针形，上面无毛或有薄层绵毛，下面密被绵毛；叶柄短，红色；托叶鞘筒状，顶端截形，无缘毛。总状花序呈穗状，花紧密，常由数个花穗再组成圆锥状；花被4(偶5)深裂，淡红色或白色。瘦果，黑褐色，包于宿存花被内。花果期9~11月。全草可供药用。常生于草地、路边。分布于我国南北各地。

绵毛酸模叶蓼

齿果酸模 *Rumex dentatus* L.

科属：蓼科　酸模属

特征简介：一年生草本。茎直立，具浅沟槽。基生叶簇生，长椭圆形，基部圆形或近心形，叶缘浅波状，茎生叶较小。花序总状，顶生和腋生，由数个再组成圆锥状花序，轮状排列，花轮间断；外花被片椭圆形，内花被片果时增大，三角状卵形，边缘每侧具2~4个刺状齿，齿长1.5~2毫米。瘦果卵形，具3锐棱。花果期5~7月。

利用价值：根、叶供药用。

物种分布：校园常见，生于路边。分布于华北、华东等地。

其他：校园常见的还有羊蹄 ***R. japonicus* Houtt.**，多年生草本，茎枝具棱槽。基生叶具长柄，茎生叶柄向上渐短；托叶鞘膜质，易破裂而早落。瘦果具3棱翅，边缘具不整齐细锯齿。花果期4~6月。黄河流域以南较为广布。

长刺酸模 *Rumex trisetiferus* Stokes

科属：蓼科　酸模属

特征简介：一年生草本。茎直立，具沟槽，分枝开展。基生叶披针状长圆形，顶端急尖，基部楔形，边缘波状，茎上部的叶较小；托叶鞘膜质，早落。花序总状，再组成大型圆锥状花序；花两性，多花轮生，上部较紧密，下部稀疏间断；花被片6枚，2轮，黄绿色，外花被片披针形，较小，内花被片果时增大，狭三角状卵形，边缘每侧具1枚针刺，针刺长3~4毫米。瘦果椭圆形，具3锐棱，两端尖。花果期5~7月。

利用价值：全草药用。

物种分布：校园常见。分布于东北、华东及西南等地。欧亚及北美也有分布。

环翅马齿苋 *Portulaca umbraticola* Kunth

科属:马齿苋科　马齿苋属

别名:太阳花、马齿牡丹

特征简介:一年生草本,全株无毛。茎平卧或斜倚,伏地铺散。叶互生,有时近对生,叶片扁平,肥厚,倒卵形,似马齿状。花无梗,午时盛开;苞片2~6枚,近轮生;萼片2枚,对生,基部合生;花瓣5枚,黄色、粉色、红色,基部合生;雄蕊多数,花药黄色;柱头4~6裂,线形。蒴果卵球形,果基部有环翅。花期5~8月,果期6~9月。

利用价值:因花大而美丽,可供观赏。

物种分布:校园常见栽培。我国南北各地均有栽培。

其他:午时盛开,花似金色的小太阳,故俗称“太阳花”。因叶片扁平、肥厚,似马齿状,花似牡丹状,故俗名“马齿牡丹”。

紫茉莉 *Mirabilis jalapa* L.

科属:紫茉莉科　紫茉莉属

别名:胭脂花、野丁香、洗澡花

特征简介:一年生草本,高可达1米。茎直立多分枝,节膨大。叶互生,全缘。花常数朵簇生枝端;总苞钟形5裂,裂片三角状卵形,果时宿存;花被紫红色、黄色、白色或杂色,高脚碟状,5浅裂;花午后或傍晚开放,有香气,次日午前凋萎;雄蕊5枚。瘦果球形,黑色,表明具皱纹。花期6~10月,果期8~11月。

利用价值:栽培观赏。根、叶可供药用。

物种分布:校园有逸生,或栽培于家属区。原产于美洲,各地栽培观赏。

其他:名为“紫茉莉”,其实和真正的茉莉(木犀科)亲缘关系较远。

无心菜 *Arenaria serpyllifolia* L.

科属：石竹科　无心菜属

别名：鹅不食草、蚤缀

特征简介：一年生或二年生草本，高10~30厘米。茎丛生，直立或铺散，密生白色短柔毛。叶对生，卵形，无柄，茎下部叶较大，上部叶较小。聚伞花序，具多花；萼片5枚，披针形；花瓣5枚，白色，长为萼片的1/3~1/2，顶端钝圆；雄蕊10枚，花柱3枚，线形。蒴果卵圆形，顶端6裂。花期3~5月，果期7~9月。

利用价值：全草入药。

物种分布：校园常见。分布于我国各地。

其他：校园常见的石竹科花卉有**石竹** ***Dianthus chinensis* L.**，为石竹属，多年生草本，茎丛生，节膨大。叶对生，披针形。花单生或聚伞花序，小苞片4~6枚，长达萼筒1/4~1/2，萼筒5裂；花瓣5枚，喉部生须毛；雄蕊贴生子房基部。蒴果先端4裂。花果期4~9月。园林绿化。分布我国长江流域各地。

鹅肠菜 *Myosoton aquaticum* (L.) Moench

科属：石竹科　鹅肠菜属

别名：牛繁缕、鹅儿肠

特征简介：二年生或多年生草本，具须根。茎上升，多分枝，上部被腺毛。叶对生，卵形或宽卵形，宽1~3厘米，顶端急尖，基部稍心形，有时叶缘具毛。顶生二歧聚伞花序；苞片叶状，边缘具腺毛；花瓣白色，2深裂至基部；雄蕊10枚；花柱5枚。蒴果卵圆形，稍长于宿存萼。花期4~8月，果期6~9月。

利用价值：可供观赏。全草供药用，幼苗可作野菜和饲料。

物种分布：校园春夏季常见。分布于我国南北各地。

其他：本种容易和繁缕混淆，二者的区别是：繁缕花柱3，蒴果6瓣裂；而鹅肠菜花柱5枚，偶有4或6枚，蒴果5瓣裂，每裂瓣又一次齿裂。校园常见的还有**漆姑草** ***Sagina japonica* (S. W.) Ohwi**，为漆姑草属，紧贴地面小草本，密集簇生，高5~10厘米。叶线形，长5~10毫米，基部具白色薄膜连成鞘状。花小，单生叶腋或枝顶，花5基数，花瓣与萼片近等长。花期4~5月。全草药用。分布于我国长江和黄河流域等地。

繁缕 *Stellaria media* (L.) Cyr.

科属：石竹科　繁缕属

别名：鹅儿肠菜、鹅肠草

特征简介：一年生或二年生草本。茎斜升，基部常分枝，带淡紫红色，被1(~2)列毛。叶片常卵形，基生叶具长柄，上部叶常无柄。疏聚伞花序顶生；花梗具1列短毛；花瓣白色，比萼片短，深2裂达基部；雄蕊10枚，短于花瓣；花柱3枚，线形。蒴果卵形，稍长于宿存萼，顶端6裂；种子卵圆形，红褐色，表面具半球形瘤状凸起。花期2~4月，果期7~8月。

利用价值：可观赏。嫩苗可食，植株及种子供药用。

物种分布：校园春夏季常见。各地几乎都有分布。

其他：花冠容易被误认为由10枚花瓣组成，仔细观察便可发现是5枚花瓣，而每枚花瓣2深裂达基部。

球序卷耳 *Cerastium glomeratum* Thuill.

科属：石竹科　卷耳属

别名：猫耳朵草、婆婆指甲

特征简介：一年生草本，高10~20厘米。茎密被长柔毛。叶对生，茎下部叶片匙形，上部叶片倒卵状椭圆形。聚伞花序呈簇生状或呈头状；花序轴密被腺柔毛；花瓣5枚，白色，与萼片近等长或微长，顶端2浅裂，基部被疏柔毛；花柱5枚。蒴果长圆柱形，顶端10齿裂；种子褐色。花期3~4月，果期5~6月。

利用价值：可供观赏。

物种分布：校园春季常见的野花。全球广泛分布。

垂序商陆 *Phytolacca americana* L.

科属: 商陆科　商陆属

别名: 洋商陆、美国商陆

特征简介: 多年生草本,高1~2米。根粗壮,肥大,倒圆锥形。叶互生,椭圆状卵形或卵状披针形。总状花序顶生或腋生,长5~20厘米;花白色,微带红晕,直径约6毫米;花被片5枚,雄蕊、心皮及花柱常均为10枚。果序下垂;浆果扁球形,熟时紫黑色。花期5~8月,果期8~10月。

利用价值: 根供药用;种子利尿;叶有解热作用,并治脚气。

物种分布: 校园常见,生于草地。原产于北美,引入栽培。

其他: "垂序"即指花序下垂这一特征。同属的**商陆 *Ph. acinosa* Roxb.**,也较为常见,花序粗壮直立;心皮常8枚,离生。

小藜 *Chenopodium serotinum* L.

科属: 藜科　藜属

形态特征: 一年生植物。叶长卵形,3浅裂,中裂片最大。叶两面具白粉。花被裂片直伸,无背脊。花期5月。

利用价值: 嫩叶可食用。

物种分布: 校园常见。全国广泛分布。

其他: 校园还有同属的另一种植物——**藜 *Ch. album* L.**,叶卵状三角形,不裂,基部宽楔形。花被裂片开展,具背脊。花期同小藜。利用价值同小藜。

喜旱莲子草 *Alternanthera philoxeroides* (Mart.) Griseb.

科属: 苋科　莲子草属

别名: 空心苋、水花生

特征简介: 多年生喜湿草本,茎基部匍匐。叶交互对生,叶片常矩圆形,全缘,两面无毛或上面有贴生毛及缘毛。花密生,成具总花梗的头状花序,单生在叶腋,球形;苞片及小苞片白色,顶端渐尖,苞片卵形,小苞片披针形;花被片矩圆形,白色,光亮;雄蕊花丝基部连合成杯状,退化雄蕊矩圆状条形。果实未见。花期5~10月。

利用价值: 全草入药。可作饲料。

物种分布: 校园常见,生于湿地、湖边。原产于巴西。我国引种后逸生,为有害入侵植物。

牛膝 *Achyranthes bidentata* Blume

科属: 苋科　牛膝属

特征简介: 多年生草本。茎直立,有棱角或四方形,节部膝状膨大。叶对生,常椭圆形,顶端尾尖,两面有柔毛,全缘。穗状花序顶生及腋生,花后总花梗伸长,花下折,贴近总花梗;每花有1苞片,顶端长渐尖,突出成刺状,膜质;小苞片2枚,顶端尖刺状;花被片5枚;雄蕊5枚,退化雄蕊顶端平圆,稍有缺刻状锯齿。胞果矩圆形。花期7~9月,果期9~11月。

利用价值: 根及全草药用。

物种分布: 西区二里河畔可见,生于路边、草地。除东北外,全国广泛分布。

其他: 校园常见皱果苋 ***Amaranthus viridis* L.**,叶卵形,质软,顶端微凹。花被片3枚;雄蕊3枚。胞果不开裂,皱缩。花期6~8月。可食用,也可药用。全国广泛分布。

皱果苋

茴茴蒜 *Ranunculus chinensis* Bunge

科属：毛茛科　毛茛属

特征简介：一年生草本。茎直立粗壮，与叶柄均密生开展的淡黄色糙毛。基生叶与下部叶为3出复叶，叶片宽卵形至三角形，上部有不等的粗齿或缺刻或2~3裂；上部叶较小，叶片3全裂，裂片有粗齿或再分裂。花序有较多疏生的花，花梗贴生糙毛；萼片狭卵形；花瓣5枚，宽卵圆形，与萼片近等长或稍长，黄色或上面白色，基部有短爪，蜜腺穴有卵形小鳞片。聚合果长圆形，瘦果扁平，喙极短。花果期4~7月。

利用价值：可供观赏。全草药用。

物种分布：校园常见，生于草坪或路边。分布于我国广大地区。

猫爪草

刺果毛茛 *Ranunculus muricatus* L.

科属：毛茛科　毛茛属

特征简介：一年生草本。基生叶和茎生叶均有长柄；叶片近圆形，顶端钝，基部截形或稍心形，3中裂至3深裂，裂片宽卵状楔形，边缘有缺刻状浅裂或粗齿，基部有膜质宽鞘。花瓣5枚，黄色，狭倒卵形。聚合果球形，直径达1.5厘米；瘦果扁平，两面各生有一圈10多枚刺，刺直伸或钩曲。花果期4~6月。

利用价值：可观赏野花。

物种分布：校园见于西区图书馆前草坪等地。分布于华东、华南等地。

其他：校园草地常见的猫爪草 ***R. ternatus* Thunb.**，为一年生草本。簇生多数肉质形似猫爪的小块根。基生叶有长柄；叶片形状多变。花单生茎顶和枝顶端；萼片、花瓣5~7枚或更多，黄色或后变白色，倒卵形，基部有爪。聚合果近球形，瘦果。花期1~4月，果期4~7月。有观赏价值。块根药用。分布于我国长江流域等地。

石龙芮 *Ranunculus sceleratus* L.

科属：毛茛科　毛茛属

特征简介：一年生草本。须根簇生。茎直立，基生叶多数；叶片肾状圆形，基部心形，3深裂近达基部，裂片倒卵状楔形，不等地2~3裂，无毛。聚伞花序有多数花；花瓣5枚，倒卵形，等长或稍长于花萼，花托在果期伸长增大呈圆柱形。聚合果长圆形；瘦果极多数，紧密排列。花果期3~5月。

利用价值：野生观赏花卉。有毒，可入药。

物种分布：校园常见，生于水边、潮湿旷地。我国各地均有分布。

其他：芮读“ruì”。

天葵 *Semiaquilegia adoxoides*（DC.）Makino

科属：毛茛科　天葵属

别名：紫背天葵

特征简介：草本。块根外皮棕黑色。基生叶为掌状三出复叶；叶片轮廓卵圆形至肾形，小叶扇状菱形或倒卵状菱形，3深裂，深裂片又有2~3枚小裂片，两面均无毛，叶背面有时为紫色；茎生叶与基生叶相似，较小；萼片白色，常带淡紫色；花瓣匙形，基部凸起呈囊状；心皮无毛。蓇葖卵状长椭圆形；种子褐色至黑褐色。花期3~4月，果期4~5月。

利用价值：可供观赏。根叫“天葵子”，可入药，有小毒。块根也可作土农药。

物种分布：校园春季常见的野花。分布于秦岭至长江流域以南地区。

其他：由于叶背面有时为紫色，又名“紫背天葵”。

芍药 *Paeonia lactiflora* Pall.

科属：芍药科　芍药属

形态特征：多年生草本。复叶的顶生小叶全缘，叶片具光泽。单花生于枝顶和叶腋；花盘不发达，肉质，仅包住心皮基部，心皮无毛。

利用价值：栽培观赏；根入药，称白芍。虽然芍药没能像同属的牡丹一样得到我国十大名花之冠，但却有花中之相的美誉。俗话说："谷雨赏牡丹，立夏观芍药。"

物种分布：东区和南区家属区常有栽培。长江流域以北地区常见栽培。

其他：芍药和牡丹不仅色彩艳丽，而且雍容华贵，建议校绿化部门在校内多栽植。

百蕊草 *Thesium chinense* Turcz.

科属：檀香科　百蕊草属

别名：积药草、草檀

特征简介：多年生柔弱草本，全株稍被白粉，无毛。叶互生，线形。花单生叶腋，5基数；苞片1枚，小苞片2枚，线形；花被绿白色，长2.5~3毫米，花被呈管状，裂片顶端锐尖，外展；雄蕊不外伸；子房无柄；花柱很短。坚果近球形，淡绿色，表面有明显隆起的网脉，顶端具宿存花被。花期4~5月，果期6~7月。

利用价值：全草可入药。

物种分布：校园可见，生于西区草地、路边、荒地。我国大部分地区均有分布。

蕺菜 *Houttuynia cordata* Thunb.

科属：三白草科　蕺菜属

别名：鱼腥草、折耳根

特征简介：腥臭草本。叶薄纸质，卵形或阔卵形，基部心形，背面常呈紫红色；托叶膜质，下部与叶柄合生成鞘，且常有缘毛，基部扩大，略抱茎。花序长约2厘米；花序基部4枚，总苞片白色呈长圆形或倒卵形。花期5~6月。

利用价值：全株入药。嫩根茎可食，我国西南地区常作蔬菜或调味品。

物种分布：东区常见。分布于我国中部、东南至西南部各地。

其他：蕺读"jí"。

(胡颖摄)

虞美人 *Papaver rhoeas* L.

科属:罂粟科　罂粟属
别名:赛牡丹、锦被花

特征简介:一年生草本,全体被伸展的刚毛。茎直立。叶互生,叶片轮廓披针形或狭卵形,羽状分裂,两面被淡黄色刚毛。花单生于茎和枝顶端;1对萼片,早落;花瓣4枚,紫红色;雄蕊多数,花丝丝状,深紫红色;子房倒卵形。蒴果宽倒卵形。花果期4~7月。
利用价值:观赏花卉。花和全株入药,含多种生物碱,有镇咳、止泻、镇痛、镇静等作用。
物种分布:西区生命科学学院湖边、学生宿舍区、二里河边可见。原产于欧洲。我国各地常见栽培。
其他:虞读"yú"。

夏天无 *Corydalis decumbens* (Thunb.) Pers.

科属:罂粟科　紫堇属
别名:伏生紫堇

特征简介:多年生草本,块茎小。茎高10~25厘米,柔弱细长。基生叶二回三出,小叶片倒卵圆形,全缘或深裂成卵圆形或披针形的裂片。总状花序疏具3~10朵花;苞片小,卵圆形,全缘;花梗长10~20毫米;萼片2枚,鳞状;花冠近白色至淡粉红色或淡蓝色;花瓣4枚,2轮,外轮花瓣顶端下凹,常具鸡冠状突起;上花瓣裂片圆形,顶端微凹,距稍短于瓣片,平直或稍上弯。蒴果线形,多少扭曲。花期3~4月,果期5月。
利用价值:因花朵美丽,可供观赏。块茎可药用。
物种分布:东区第一教学楼前的草地上有生长。分布于华东、华中等地区。
其他:因开花较早,立夏过后就见不到了,故名"夏天无"。

荠 *Capsella bursa-pastoris* (L.) Medic.

科属: 十字花科　荠属

别名: 荠菜、菱角菜

特征简介: 一年生或二年生草本。无毛、有单毛或分叉毛;茎直立,单一或从下部分枝。基生叶丛生呈莲座状,大头羽状分裂;茎生叶窄披针形或披针形,基部箭形,抱茎,叶缘有缺刻或锯齿。总状花序顶生及腋生;花瓣白色。短角果倒三角形或倒心状三角形,顶端微凹。花果期1~4月。

利用价值: 全草入药。茎叶作蔬菜食用。

物种分布: 校园春季常见。分布遍全国。

其他: 校园常见的杂草**臭荠** ***Coronopus didymus*** **(L.) J. E. Smith**,为臭荠属,匍匐草本。全体有臭味,基部多分枝。基生叶簇生,为一回或二回羽状全裂,裂片3~5对,两面无毛;叶柄长5~8毫米。花极小,萼片具白色膜质边缘;花瓣白色,或无花瓣;雄蕊2枚。短角果肾形。花果期4~5月。分布于华东等地。

菥蓂 *Thlaspi arvense* L.

科属: 十字花科　菥蓂属

别名: 遏蓝菜、败酱草

特征简介: 一年生草本,无毛。茎直立,不分枝,具棱。基生叶倒卵状长圆形,基部抱茎,两侧箭形,叶缘具疏齿。总状花序顶生;花白色。短角果倒卵形或近圆形,扁平,顶端凹入,边缘有翅。花果期3~6月。

利用价值: 可供观赏。嫩苗加工后可食用。全草、嫩苗和种子均可入药。

物种分布: 校园见于西区二里河畔。分布几遍全国。

其他: 菥蓂读"xīmì"。

蔊菜 *Rorippa indica* (L.) Hiern

科属: 十字花科　蔊菜属

别名: 印度蔊菜

广州蔊菜

特征简介: 一年生或二年生直立草本。茎单一或分枝。叶互生,基生叶及茎下部叶具长柄,叶形多变化,常大头羽状分裂,叶缘具不整齐牙齿;茎上部叶片宽披针形或匙形,叶缘具疏齿,具短柄或基部耳状抱茎。总状花序顶生或侧生;萼片4枚;花瓣4枚,黄色,匙形,基部渐狭成短爪,与萼片近等长;雄蕊6枚,外轮2枚稍短。长角果线状圆柱形,短而粗,直立或稍内弯,成熟时果瓣隆起,果梗纤细;种子每室2行。花果期4~6月。

利用价值: 全草入药。加工后可食用。

物种分布: 校园常见,生于路边。分布几遍全国。

其他: 蔊读"hàn"。此外,校园常见杂草**广州蔊菜** ***R. cantoniensis*** **(Lour.) Ohwi**,叶片羽状深裂或浅裂。总状花序顶生,花黄色,小花生于叶状苞片腋部;花瓣稍长于萼片;雄蕊6枚近等长。短角果圆柱形。花期3~4月,果期4~6月。加工后可食用。分布于华东、华南等地。

葶苈 *Draba nemorosa* L.

科属: 十字花科　葶苈属

特征简介: 一年生或二年生草本。茎直立,下部密生单毛、叉状毛和星状毛,上部渐稀至无毛。基生叶莲座状,长倒卵形,顶端稍钝,叶缘有疏细齿或近于全缘;茎生叶长卵形或卵形,叶缘有细齿,无柄,上面被单毛和叉状毛。总状花序;花瓣黄色。短角果长圆形或长椭圆形,被短单毛;果梗与果序轴成直角开展或近于直角向上开展;种子椭圆形。花果期3~6月。

利用价值: 可供观赏。种子可入药;种子含油,也可供制皂工业用。

物种分布: 校园见于西区二里河畔。我国分布较广。

其他: 葶苈读音"tínglì"。

碎米荠 *Cardamine hirsuta* L.

科属:十字花科　碎米荠属

特征简介:一年生小草本。茎直立或斜升,被较密柔毛。基生叶具叶柄,有小叶2~5对,顶生小叶肾形或肾圆形,叶缘有3~5圆齿,小叶柄明显;茎生叶具短柄,有小叶3~6对;全部小叶两面稍有毛。总状花序生于枝顶,花小;萼片绿色或淡紫色;花瓣白色,倒卵形。长角果线形,稍扁,无毛。花果期3~5月。

利用价值:具有观赏价值。全草可作野菜食用,也供药用。

物种分布:校园常见,生于路边、草地、旷地。分布几遍全国。

其他:校园草地生长有**播娘蒿** ***Descurainia sophia*** **(L.) Schur.**,为播娘蒿属,具白色单毛和叉状毛。基生叶3裂,茎生叶23回羽状全裂。总状花序单生枝顶,花黄色。花期4~5月。种子药用或榨油。嫩苗可食用。分布于华东和华北地区。

诸葛菜 *Orychophragmus violaceus* (L.) O. E. S Chulz

科属:十字花科　诸葛菜属

别名:二月蓝、二月兰

特征简介:一年生或二年生草本。茎单一。基生叶及下部茎生叶大头羽状全裂,顶裂片近圆形或短卵形,全缘或有牙齿;上部叶长圆形或窄卵形,基部耳状,抱茎,叶缘有不整齐牙齿。花紫色、浅红色或褪成白色;花萼筒状,紫色;花瓣宽倒卵形。长角果线形,具4棱,有喙。花果期2~5月。

利用价值:极具观赏价值。嫩茎叶可炒食,种子可榨油。

物种分布:校园早春常见,西区北门附近、东区眼镜湖西侧较多。分布于华北和华中等地。

其他:校园内另有极少量的毛果诸葛菜,果实被毛,仔细观察即可区别。

羽衣甘蓝 *Brassica oleracea* L. var. *acephala* DC. f. *tricolor* Hort.

科属:十字花科　芸苔属

特征简介:二年生草本。基生叶莲座状,常皱缩或羽裂,呈白黄、黄绿、粉红或红紫等色,有叶柄。总状花序顶生及腋生;花淡黄色,直径2~2.5厘米;花梗长7~15毫米;萼片直立,长5~7毫米;花瓣宽椭圆状倒卵形或近圆形,基部有爪。长角果圆柱形,喙圆锥形。花期3~4月,果期3~5月。

利用价值:栽培观赏或作蔬菜。

物种分布:校园常见栽培。原产于地中海及周边地区。现各地栽培供观赏或食用。

其他:油菜、榨菜、卷心菜等都是羽衣甘蓝的可食用变种。羽衣甘蓝品种极多,有圆叶、皱叶和羽裂等系列;也可分为观赏和食用系列。

垂盆草 *Sedum sarmentosum* Bunge

科属:景天科　景天属

别名:狗牙瓣、石头菜

特征简介:多年生草本。3叶轮生,叶倒披针形至长圆形,先端近急尖,基部狭。聚伞花序,有3~5分枝,花无梗;萼片5枚,披针形至长圆形,先端钝,基部无距;花瓣5枚,黄色,披针形至长圆形;雄蕊10枚,较花瓣短;心皮5枚,有长花柱。花期5月,果期8月。

利用价值:全草药用,能清热解毒。也可作观赏植物。

物种分布:校园常见。我国南北都有分布。

其 他 :校园偶见珠芽景天 ***S. bulbiferum* Makino**,叶腋常有圆球形、肉质珠芽着生;基部叶常对生,上部的互生。花序聚伞状,分枝3,常再二歧分枝;萼片5枚,花瓣5枚,黄色,披针形;雄蕊10枚,心皮5枚,基部合生。花期5~6月。多肉观赏植物。全草药用,清热解毒。生于湿地、水边。分布于广西、长江流域以南等地。

珠芽景天

虎耳草 *Saxifraga stolonifera* Curt.

科属：虎耳草科　虎耳草属

别名：石荷叶、耳朵草

特征简介： 多年生草本。基生叶具长柄，叶片近心形、肾形至扁圆形，浅裂，裂片边缘具不规则齿和腺睫毛，被腺毛。聚伞花序圆锥状，具2~5花；花瓣5枚，其中3枚短，另2枚较长，白色，中上部具紫红色斑点；雄蕊10枚，花柱2枚，叉开。花果期5~8月。

利用价值： 可供栽培观赏。全草入药，有小毒，祛风清热，凉血解毒。

物种分布： 东区眼镜湖南岸草地有栽培。分布于我国大部分地区。

翻白草 *Potentilla discolor* Bge.

科属：蔷薇科　委陵菜属

别名：鸡腿根、翻白委陵菜、叶下白

特征简介： 多年生草本。奇数羽状复叶，小叶对生或互生，下面密被白色或灰白色绵毛。聚伞花序有花数朵至多朵，疏散；花直径1~2厘米；萼片三角状卵形，副萼片披针形，比萼片短，外面被白色绵毛；花瓣黄色，倒卵形，顶端微凹或圆钝，比萼片长。瘦果近肾形。花果期3~7月。

利用价值： 块根含丰富淀粉，嫩苗可食。全草入药。

物种分布： 校园多见于草坪上。分布于我国大部分地区。

其他： 叶片正反两面颜色截然不同，背面密被白色绵毛，故名“翻白草”。

蛇含委陵菜 *Potentilla kleiniana* Wight et Arn.

科属：蔷薇科　委陵菜属

别名：蛇含、五爪龙

特征简介：宿根草本。花上升或匍匐。基生叶有5枚小叶，几无柄，盾状排列总叶柄顶端，小叶片倒卵形或长圆倒卵形，顶端圆钝，基部楔形，边缘有多数急尖或圆钝锯齿；上部茎生叶有3小叶，叶柄较短。聚伞花序密集于枝顶如假伞形；副萼片比萼片短，果时略长或近等长；花瓣黄色，倒卵形，顶端微凹，长于萼片。瘦果近圆形。花果期4~9月。

利用价值：全草供药用，有清热解毒之效，捣烂外敷治疮毒、痈肿及蛇虫咬伤。

物种分布：校园多见于草坪上。分布于我国大部分地区。

朝天委陵菜 *Potentilla supina* L.

科属：蔷薇科　委陵菜属

别名：仰卧委陵菜

特征简介：一年生或二年生草本。主根细长，并有稀疏侧根。茎平展，上升或直立。基生叶羽状复叶，有小叶2~5对，小叶互生或对生，无柄，最上面1~2对小叶基部下延与叶轴合生；茎生叶与基生叶相似。花序轴上多叶，下部花自叶腋生，顶端呈伞房状聚伞花序；花瓣黄色，倒卵形，顶端微凹，与萼片近等长或较短。瘦果长圆形。花果期4~10月。

利用价值：可供观赏。

物种分布：校园草地上常见。广布于北半球温带及部分亚热带地区。

蛇莓 *Duchesnea indica* (Andr.) Focke

科属：蔷薇科　蛇莓属
别名：蛇泡草、龙吐珠、三爪风

特征简介：匍匐多年生草本。三出复叶；小叶片倒卵形至菱状长圆形，叶缘有钝锯齿。花单生于叶腋；副萼片倒卵形，比萼片长，先端常具3~5枚锯齿；花瓣黄色，先端圆钝；雄蕊20~30枚；心皮多数，离生；花托果期膨大，鲜红色，有光泽。瘦果卵形。花期3~8月，果期8~10月。
利用价值：具有观赏价值。全草药用，有清热解毒之效。
物种分布：校园常见。分布于辽宁以南各地。

其他：蛇莓属与委陵菜属的明显区别是齿状副萼片3裂，比萼片长，果托肉质。

绿豆 *Vigna radiata* (L.) Wilczek.

科属：豆科　豇豆属

特征简介：一年生直立草本。羽状复叶具3小叶，托叶盾状着生；小叶卵形，侧生的多少偏斜，全缘，两面多少被疏长毛。总状花序腋生；花黄色，龙骨瓣镰刀状，右侧有明显的囊。荚果线状圆柱形，长4~9厘米，被长硬毛；种子淡绿色或黄褐色，短圆柱形。花果期6~10月。
利用价值：种子可供食用。
物种分布：校园草丛、旷地偶见。我国西南、华东等地有分布。

白车轴草 *Trifolium repens* L.

科属：豆科　车轴草属

别名：白三叶、三叶草

特征简介：多年生草本。匍匐茎蔓生，全株无毛。掌状三出复叶；有托叶，叶柄较长，小叶倒卵形至近圆形，先端凹头至钝圆，基部楔形渐窄至小叶柄，小叶柄长1.5毫米。花序球形，顶生；总花梗甚长，比叶柄长近1倍，具花20~50(~80)朵，密集；萼齿5枚，披针形；花冠白色、乳黄色或淡红色，具香气。荚果长圆形。花果期3~11月。

利用价值：可供观赏，也可作草坪装饰。为优质牧草。

物种分布：校园常见植物，常成片生于草坪。世界各地均有栽培。

其他：有时可见到部分变异的叶片有4枚小叶，被人们当作“幸运四叶草”。校园常见的还有**红车轴草** ***T. pratense*** **L.**，无匍匐茎。叶面上常有“V”字形白斑。花序球状，无总花梗，包于顶生叶的托叶内；花冠紫红色至淡红色。荚果具1粒种子。花果期4~9月。可供观赏；花序可入药。混杂于白车轴草中。我国各地均有种植。

米口袋 *Gueldenstaedtia multiflora* Bunge

科属：豆科　米口袋属

别名：米布袋、紫花地丁

特征简介：多年生草本。主根圆锥状。叶及总花梗丛生于根颈上。早生叶被长柔毛，后生叶毛稀疏，小叶7~21枚。2~6朵小花簇生总花梗顶端呈伞形状；总花梗具沟，被长柔毛；花冠紫堇色。荚果圆筒状，被长柔毛。花果期3~6月。

利用价值：全草作为紫花地丁入药。

物种分布：西区有野生。分布于东北、华北、华东，以及陕西中南部、甘肃等地区。

其他：西区偶见米口袋的变型——**白花米口袋**，花白色，其余同米口袋。《Flora of China》将米口袋学名修订为**少花米口袋** ***G. verna*** **(Georgi) Boriss.**，花序含小花2~4(~8)。

（胡颖摄）

小巢菜 *Vicia hirsuta* (L.) S. F. Gray

科属：豆科　野豌豆属
别名：雀野豆

特征简介：一年生草本。茎细柔有棱，近无毛。叶互生，偶数羽状复叶，末端卷须分枝；托叶线形，基部有2~3裂齿。总状花序明显短于叶；花2~4(~7)朵密集于花序轴顶端，花甚小，长0.3~0.5厘米；花冠白色、淡蓝青色或紫白色。荚果长圆菱形；种子2粒，扁圆形。花果期3~5月。

利用价值：具有观赏价值。本种为绿肥及饲料，全草入药。

物种分布：校园常见的野草。分布于华东、华中等地。

其他：校园常见的野草还有**救荒野豌豆 *V. sativa* L.**，一年生或二年生草本。偶数羽状复叶，顶端卷须有2~3分枝；托叶戟形，常2~4裂齿。花1~2(~4)朵腋生，近无梗；萼钟形；花冠紫红色或红色，旗瓣长倒卵圆形，先端圆，微凹；子房线形，微被柔毛。荚果线状长圆形，有毛，成熟时背腹开裂，果瓣扭曲。花果期3~6月。具有观赏价值。为绿肥及优良牧草。全草药用，种子有毒。分布于全国各地。

长柔毛野豌豆 *Vicia villosa* Roth

科属：豆科　野豌豆属
别名：柔毛苕子

特征简介：一年生草本。攀援或蔓生，全株被长柔毛。偶数羽状复叶，叶轴顶端卷须有2~3分枝；托叶披针形或2深裂，呈半边箭头形；小叶常5~10对。总状花序腋生，与叶近等长或略长于叶，10~20朵小花紧密排于花序轴上部的一侧；花萼斜钟形；花冠紫色、淡紫色或紫蓝色，旗瓣长圆形，先端微凹。荚果长圆状菱形，先端具喙。花果期4~7月。

利用价值：具有观赏价值。为优良牧草及绿肥作物。

物种分布：校园常见的野草。分布于南北各地，偶有栽培。

四籽野豌豆 *Vicia tetrasperma* (L.) Schreb.

科属：豆科　野豌豆属

别名：野苕子

特征简介：一年生缠绕草本。茎纤细柔软有棱。偶数羽状复叶，顶端为卷须，托叶箭头形或半三角形；小叶2~6对，长圆形或线形。总状花序长约3厘米，花1~2朵着生于花序轴先端，甚小，长约0.3厘米；花冠淡蓝色或带蓝、紫白色，子房长圆形，胚珠4枚，花柱上部四周被毛。荚果长圆形；种子4粒，扁圆形。花果期3~6月。

利用价值：具有观赏价值。为优良牧草，嫩叶可食。全草药用。

物种分布：校园常见的野草。分布于华东、华中及西南等地。

南苜蓿 *Medicago polymorpha* L.

科属：豆科　苜蓿属

别名：黄花草子、金花菜

特征简介：茎近四棱形。羽状三出复叶；托叶大，基部耳状，边缘具不整齐条裂，成丝状细条或深齿状缺刻；小叶倒卵形或三角状倒卵形，几乎等大，上面无毛。花序头状伞形，具花2~10朵；总花梗腋生，无毛；花冠黄色，旗瓣倒卵形，先端凹缺，基部阔楔形，比翼瓣和龙骨瓣长。荚果盘形，暗绿褐色，顺时针方向紧旋1.5~2.5圈，每圈具棘刺或瘤突15枚。花期3~5月，果期5~6月。

利用价值：嫩叶可食用。可作为饲料、牧草、绿肥。

物种分布：校园常见。分布于长江流域以南各地。

其他：校园常见还有**小苜蓿** ***M. minima* (L.) Grufb.**，全株被伸展柔毛。茎基部多分枝。羽状三出复叶；托叶卵形，全缘或具浅齿；小叶倒卵形，叶缘上部具锯齿，两面均被毛。花序头状，具花3~6(~8)朵，疏松，腋生；萼钟形，密被柔毛；花冠淡黄色，旗瓣阔卵形。荚果球形，旋转3~5圈，被长棘刺，尖端钩状；每圈有种子1~2粒。花期3~4月，果期4~5月。可作为饲料、牧草、绿肥。分布于黄河流域及长江以北各地。

天蓝苜蓿 *Medicago lupulina* L.

科属：豆科　苜蓿属

别名：苜蓿

特征简介：一、二年生或多年生草本，全株被柔毛或有腺毛。茎多分枝。羽状三出复叶；托叶卵状披针形，基部圆或戟状，常齿裂；小叶倒卵形、阔倒卵形或倒心形，先端截平或微凹，顶生小叶较大。花序头状，具花10~20朵；总花梗细，挺直，比叶长，密被贴伏柔毛；花冠黄色。荚果肾形，表面具同心弧形脉纹，熟时变黑；有种子1粒。花果期2~5月。

利用价值：可作为饲料、牧草、绿肥。

物种分布：校园常见，混杂于南苜蓿中。分布于我国南北各地。

其他：校内3种苜蓿的区别如下：天蓝苜蓿荚果肾形，无刺，小花个数较多，全株被柔毛；南苜蓿荚果有棘刺，盘形旋转，小花个数少，几乎无毛，托叶边缘不条裂，几乎无毛；小苜蓿荚果有棘刺，盘形旋转，茎叶两面被毛，托叶具浅齿或全缘。

鸡眼草 *Kummerowia striata*（Thunb.）Schindl.

科属：豆科　鸡眼草属

别名：掐不齐

特征简介：一年生草本。披散或平卧，茎和枝上被倒生的白色细毛。叶为三出复叶；托叶大，膜质；叶柄极短；小叶倒卵形、长倒卵形或长圆形，先端圆形，全缘。花小，单生或2~3多簇生于叶腋；萼钟状，长2.5~3毫米；花冠粉红色或紫色。荚果较萼近等长或长达1倍。花期8~9月，果期9~10月。

利用价值：全草供药用。可作饲料和绿肥。

物种分布：西区图书馆北侧草地可见，生于路旁、草地。分布广泛。

其他：西区特种实验室南侧草地可见**长萼鸡眼草** ***K. stipulacea*（Maxim.）Makino**，茎分枝多开展。小叶倒卵形。花冠上部暗紫色，筒萼长约1毫米，萼齿浅裂。荚果较萼长2~4倍。花期9~10月，果期10~11月。全草供药用。可作饲料和绿肥。分布广泛。

长萼鸡眼草

酢浆草 *Oxalis corniculata* L.

科属:酢浆草科　酢浆草属

别名:酸味草、酸醋酱、三叶草

特征简介:全株被柔毛。托叶小,基部与叶柄合生。小叶3枚,无柄,倒心形,先端凹入,基部宽楔形,两面被柔毛或表面无毛,呈盾状排列于总叶柄顶端。数朵集为伞形花序状;小苞片2枚,披针形;萼片5枚;花瓣5枚,黄色;雄蕊10枚;子房长圆形,5室,花柱5枚。蒴果长圆柱形。花果期1~8月。

利用价值:全草入药。茎叶含草酸,可用以磨镜或擦铜器。

物种分布:校园常见的野草。全国广布。

其他:"酢"发音同"醋";小叶3枚,又俗称"三叶草"。

关节酢浆草 *Oxalis articulata* Savigny

科属:酢浆草科　酢浆草属

特征简介:多年生草本。无地上茎,地下部分有球状鳞茎。叶基生,小叶3枚,扁圆状倒心形。总花梗基生,二歧聚伞花序,通常排列成伞形花序式;花瓣5枚,淡紫色至紫红色,基部颜色较深;雄蕊10枚。花果期3~11月。

利用价值:供园林观赏。

物种分布:校园常见栽培。我国南方各地已逸为野生。

其他:校园常见栽培还有:① **红花酢浆草 *O. corymbosa* DC.**,俗称"铜锤草"。叶片直径达3厘米以上。花瓣淡紫红色,紫色条纹浅,花朵中央青绿色。花果期3~11月。全草入药,治跌打损伤。我国南方各地已逸为野生。② **三角叶酢浆草 *O. triangularis* A. St. -Hil.**,俗称"紫叶酢浆草",叶片紫色。花瓣浅粉色。花果期5~10月。原产于南美洲。各地栽培观赏。

红花酢浆草

三角叶酢浆草

野老鹳草 *Geranium carolinianum* L.

科属：牻牛儿苗科　老鹳草属

特征简介：一年生草本。高20~60厘米，茎密被倒向短柔毛。基生叶早枯，茎生叶互生或最上部对生；托叶披针形或三角状披针形；叶片圆肾形，基部心形，掌状5~7裂近基部，裂片楔状倒卵形或菱形，下部楔形、全缘，上部羽状深裂，小裂片条状矩圆形。花序腋生和顶生，每总花梗具2朵小花，顶生总花梗常数枚集生，花序呈伞形状；花瓣淡紫红色，雌蕊稍长于雄蕊，密被糙柔毛。蒴果，果瓣由喙上部先裂向下卷曲。花期3~5月，果期5~9月。

利用价值：可观赏的野花。全草入药。

物种分布：校园常见，生于路边、草地。原产于美洲。我国各地为逸生。

其他：由于该属植物蒴果果瓣有长喙，似鹳的喙，故名“老鹳草属”。

蓖麻 *Ricinus communis* L.

科属：大戟科　蓖麻属

特征简介：一年生粗壮草本或草质灌木。叶互生，盾状着生，叶轮廓近圆形，掌状7~11裂，裂缺几达中部，裂片卵状长圆形或披针形，叶缘具锯齿。总状花序或圆锥花序，雄花在下、雌花在上；雄花雄蕊多数，花丝多分枝；雌花萼片卵状披针形；子房卵状，密生软刺；花柱红色，顶部2裂，密生乳头状突起。蒴果卵球形或近球形。花果期7~11月。

利用价值：为能源植物，可提取蓖麻油。种子有毒，误食会导致中毒甚至死亡。

物种分布：校园偶见，野生。全国各地栽培或逸为野生。广布于全世界热带地区，或栽培于热带至温带各地。

其他：蓖读“bì”。

蜜甘草 *Phyllanthus ussuriensis* Rupr. et Maxim.

科属:大戟科　叶下珠属

别名:蜜柑草

特征简介:一年生草本。茎直立,常基部分枝,枝条细长。单叶互生,宽披针形至狭长圆形,全缘;近无叶柄。雌雄同株;花单生或数朵簇生于叶腋;花梗长约2毫米;雄花:萼片4枚,花盘腺体4枚,与萼片互生,雄蕊2枚;雌花:萼片6枚,花盘腺体6枚,花柱3枚,顶端2裂。蒴果扁球状,直径约2毫米。花期6~8月,果期9~10月。

利用价值:全草入药,有消食、止泻作用。

分布:偶见于西区的草坪、东区新图书馆北边的草地上。分布于长江流域及其以南各地。

其他:在《安徽植物志》中,该种学名是 *Ph. matsumurae* Hayata,1904年发表。本书所用学名依据《中国植物志》,为1856年发表的学名,体现了命名优先权。校园草地偶见**叶下珠** ***Ph. urinaria*** **L.**,倒卵状长椭圆形或狭长圆形,与蜜甘草的叶相比要更宽一些。果梗比蜜甘草的更短,近无梗。花期6~8月,果期9~10月。全草入药,有消食、止泻作用。分布于长江流域及其以南各地。

泽漆 *Euphorbia helioscopia* L.

科属:大戟科　大戟属

别名:五朵云、五灯草

特征简介:一年生草本。茎直立,单一或自基部多分枝,分枝斜展向上。叶互生,倒卵形或匙形。花序单生;总苞叶5枚;总伞幅5枚;腺体4枚,盘状;雄花数枚;雌花1枚,子房柄略伸出总苞边缘。花果期2~7月。

利用价值:具有观赏价值。全草入药。

物种分布:校园常见,生于草地。广布于全国。

其他:由于独特的杯状聚伞花序有5枚分枝,形似五朵云,故得此别名。

乳浆大戟 *Euphorbia esula* L.

科属：大戟科　大戟属
别名：猫眼草、乳浆草

特征简介：多年生草本，有乳汁。叶互生，线形至卵形，变化极不稳定。杯状聚伞花序；伞幅3~5枚，苞叶2枚，常为肾形；腺体4枚，新月形；雄花多枚，雌花1枚；花柱3枚，柱头2裂。蒴果。花果期4~7月。

利用价值：为能源植物，种子含油率35%，供工业用油。

物种分布：校园常见，生于草地、草坪。分布于全国。

其他：由于2枚苞叶肾形，合起来看几乎是圆形，加上中间的缝隙，看上去似猫眼，故俗名“猫眼草”。校园常见的还有：① **斑地锦 *E. maculata* L.**，叶对生，有乳汁，长椭圆形至肾状长圆形，基部偏斜，不对称，中部常具有一个长圆形的紫色斑点。花序单生于叶腋；腺体4枚，黄绿色；雄花4~5枚，雌花1枚，子房柄伸出总苞外；柱头2裂。蒴果三角状卵形。花果期5~10月。全草可供药用。原产于北美，现分布于欧亚大陆。我国各地常见。② **地锦草 *E. humifusa* Willd. ex Schlecht.**，匍匐地面或向上斜展小草本，具乳汁，茎常红色。叶对生，长圆形，长4~10毫米，宽3~6毫米，基部不对称。杯状聚伞花序；雌花3心皮。花期5~9月。分布和利用价值同斑地锦。

斑地锦

地锦草

铁苋菜 *Acalypha australis* L.

科属：大戟科　铁苋菜属
别名：海蚌含珠

特征简介：一年生草本。叶互生，膜质，椭圆状披针形，顶端短渐尖，基部楔形，叶缘具圆锯齿，基出脉3条。雌雄花同序，花序常腋生；雌花苞片1~2枚，卵状心形，花后增大，苞腋具雌花1~3朵，花柱3枚，花梗无；雄花生于花序上部，排列呈穗状或头状，苞腋具雄花5~7朵，簇生。蒴果具3枚分果爿。花果期5~11月。

利用价值：全草可供药用。幼苗可作饲料。

物种分布：校园常见，生于路边、草地。分布几遍全国。

其他：雌花苞片和子房似海蚌和其中所含的珍珠，故俗称“海蚌含珠”。爿读“pǎn”。

苘麻 *Abutilon theophrasti* Medicus

科属：锦葵科　苘麻属
别名：磨盘草、车轮草

特征简介：一年生草本。叶互生，圆心形，叶缘具细圆锯齿，两面均密被星状柔毛；托叶早落。花单生于叶腋；花萼杯状，密被短绒毛，裂片5枚；花瓣倒卵形，黄色；心皮排列成轮状，密被软毛。蒴果半球形，分果爿15~20枚，被粗毛。花果期6~9月。

利用价值：全草作药用。茎皮纤维可作纺织材料。

物种分布：常见于校园，喜生于新垦地。我国除青藏高原外，其他各地均有分布。

其他：果实形似磨盘或车轮，故俗名"磨盘草""车轮草"。苘读"qǐng"。

蜀葵 *Althaea rosea*（L.）Cavan.

科属：锦葵科　蜀葵属

特征简介：二年生直立大型草本。茎枝密被刺毛。叶近圆心形，掌状5~7浅裂或波状，裂片三角形，两面均被星状柔毛和长硬毛或绒毛。花单生叶腋或近簇生，常成顶生总状花序，具叶状苞片；花萼钟状，5裂，裂片三角形；花大，直径6~10厘米，有红、紫、白、粉红、黄和紫黑色，单瓣或重瓣，单体雄蕊。蒴果盘状，花萼宿存。花期5~9月，果期6~10月。

利用价值：因花大而美丽，可供观赏。全草入药。茎皮含纤维可代麻用。

物种分布：校园常见栽培。全国各地广泛栽培。

紫花地丁 *Viola philippica* Cav.

科属:堇菜科　堇菜属

别名:野堇菜

特征简介:全株具短白毛,叶三角状披针形,基部截形或楔形,叶缘具较平的圆齿;托叶膜质。花紫堇色或淡紫色,下方花瓣内面有紫色脉纹,距细管状。蒴果长圆形。花果期3月上旬至9月。

利用价值:可作早春观赏花卉。全草药用。嫩叶加工后可作野菜。

物种分布:校园常见,为早春的野花。分布于我国黄淮流域以北等地。

其他:校园常见的还有**白花地丁** ***V. patrinii*** **DC. ex Ging.**,无地上茎。托叶约2/3与叶柄合生。花白色,带淡紫色脉纹;花梗在中部以下有2枚线形小苞片;两侧花瓣内面有细须毛,下方花瓣有距。花果期3~8月。具观赏价值,可作草坪。全草药用。分布于东北、华北、华东等地。

三色堇 *Viola tricolor* L.

科属:堇菜科　堇菜属

特征简介:小型草本。茎具棱。基生叶圆心形,具长柄,托叶大型,羽状深裂,茎生叶披针形。每茎具3~10朵花,花直径3~5厘米;萼片绿色;上方花瓣深紫堇色,侧方及下方花瓣均为紫、白、黄三色,具紫条纹,下方花瓣距较细。花期4~7月。

利用价值:栽培观赏,常用于花坛花圃绿化。

物种分布:校园花坛常有栽培。原产于欧洲。

其他:因每朵花具紫、白、黄三色,故称“三色堇”。目前,已培养出紫红、蓝、黄等单色品种。

芫荽

天胡荽 *Hydrocotyle sibthorpioides* Lam.

科属：伞形科　天胡荽属

特征简介：多年生小草本，有气味。匍匐茎细长，节上生根。叶圆形或肾形，托叶略呈半圆形。伞形花序与叶对生，单生于节上；花序梗纤细，小伞形花序有小花5~18朵；花瓣绿白色，有腺点。果实略呈心形，两侧扁压。花果期4~9月。

利用价值：全草入药。也可作草坪。

物种分布：校园常见，成片生于草地、水边。分布于华东、华中和西南等地。

其他：天胡荽的花虽小，但结构精致，正如诗句："苔花如米小，也学牡丹开"。荽读"suī"。校园家属区常栽有伞形科芫荽属的**芫荽** ***Coriandrum sativum* L.**，具芳香味草本，根细纺锤形。叶具柄，基部鞘状；叶片1回或2回羽状分裂。复伞形花序，伞辐3~8枚；花序外缘的小花花瓣不等大，外侧的2~3枚呈舌片状，白色或玫瑰色。花果期4~7月。作蔬菜或药用。原产欧洲地中海地区。我国广泛栽植。

细叶旱芹 *Apium leptophyllum* (Pers.) F. Muell.

科属：伞形科　芹属

特征简介：一年生草本。基生叶有柄，基部扩大成膜质叶鞘；叶片轮廓呈长圆形至长圆状卵形，三至四回羽状多裂，裂片线形至丝状；茎生叶常三出式羽状多裂，裂片线形。复伞形花序，无总苞片和小总苞片；伞辐2~3(~5)枚；花瓣白色、绿白色或略带粉红色。分果具棱5条，果棱圆钝。花期4~5月，果期6~7月。

利用价值：为外来杂草。

物种分布：校园常见，生于西区草地、路边。分布于华东和华南等地。

其他：《Flora of China》将其学名修订为旱芹属的 *Cyclospermum leptophyllum* (Pers.) Spr. ex Britt. et P. Wilson。

野胡萝卜 *Daucus carota* L.

科属：伞形科　胡萝卜属

特征简介：二年生草本。茎单生，全体有白色粗硬毛。基生叶二至三回羽状分裂，有叶柄和叶鞘；茎生叶近无柄，末回裂片小或细长。复伞形花序；总苞有多数苞片，呈叶状，羽状分裂，裂片线形；伞梗多数，结果时外缘的伞梗向内弯曲；小总苞片5~7枚，线形；花通常白色，有时带淡红色。双悬果卵圆形，棱上有白色刺毛。花果期5月下旬~7月。

利用价值：果实入药，有驱虫作用。可提取芳香油。

物种分布：中区和西区的草地、荒地上可见。我国几乎南北皆有分布。

点地梅 *Androsace umbellata*（Lour.）Merr.

科属：报春花科　点地梅属

别名：喉咙草、天星花

特征简介：一年生或二年生草本。叶全部基生，叶片近圆形或卵圆形，先端钝圆，基部浅心形至近圆形，叶缘具三角状钝牙齿；叶柄长1~4厘米。花葶常数枚自叶丛中抽出；伞形花序具4~15朵小花；苞片卵形至披针形；花萼杯状；花冠白色，筒部短于花萼，喉部黄色，裂片倒卵状长圆形。蒴果近球形。花期3~4月，果期5~6月。

利用价值：具有观赏价值。全草入药。

物种分布：校园早春的野花，见于西区二里河畔、北门附近草地、东区图书馆南侧草地。分布于东北、华北和秦岭以南等地。

其他：由于植株矮小，花冠5裂，像点缀在地上的梅花，故名“点地梅”。

泽珍珠菜 *Lysimachia candida* Lindl.

科属:报春花科　珍珠菜属

别名:白水花

特征简介:一年生或二年生草本,全体无毛。基生叶匙形或倒披针形,茎生叶互生,叶片倒卵形、倒披针形或线形,近无柄。总状花序顶生,花密集而呈阔圆锥形,其后渐伸长;花梗长约为苞片的2倍;花冠白色;雄蕊稍短于花冠,花丝贴生至花冠的中下部。蒴果球形。花期4~5月,果期5~7月。

利用价值:野生观赏花卉。全草入药。

物种分布:校园可见于草坪、潮湿旷地。分布于华北及长江以南等地。

多苞斑种草 *Bothriospermum secundum* Maxim.

科属:紫草科　斑种草属

特征简介:一年生或二年生草本。茎被向上开展的硬毛及伏毛。茎生叶长圆形或卵状披针形,无柄,两面均被硬毛。花序顶生,苞片多数,小花与苞片相间排列,并偏向于一侧;花梗果期下垂;花萼外面密生硬毛,裂至基部;花冠蓝色至淡蓝色,长3~4毫米,喉部附属物先端微凹。小坚果4枚,腹面有纵椭圆形的环状凹陷。花期5~7月。

利用价值:极具观赏价值。

物种分布:校园可见于草坪、荒地。分布于华北、华东及西南等地。

其他:校园常见的还有**柔弱斑种草** ***B. tenellum*** **(Hornem.) Fisch. et Mey.**,分枝多而柔弱,全株被贴伏的粗糙毛。总状花序不呈蝎尾状;花冠筒喉部具鳞片环状附属物。花期3月下旬至4月。花小而美丽,极具观赏价值。全草入药。分布于华东、华北及西南等地。

附地菜 *Trigonotis peduncularis* (Trev.) Benth. ex Baker et Moore

科属：紫草科　附地菜属

特征简介：基生叶呈莲座状，有叶柄，叶片匙形，先端圆钝，基部楔形或渐狭，两面被糙伏毛，茎上部叶无柄或具短柄。花序顶生，幼时卷曲，后渐次伸长；花梗短，花后伸长；花冠淡蓝色，檐部5裂，喉部附属5枚，环状，黄色。小坚果4枚。花期3~4月，果期5~6月。

利用价值：花小而美丽，可供观赏。全草药用。

物种分布：校园常见的早春野花。分布于我国大部分地区。

马鞭草 *Verbena officinalis* L.

科属：马鞭草科　马鞭草属

特征简介：多年生草本。茎四方形，节和棱上有硬毛。叶对生，叶片卵圆形至长圆形，基生叶的边缘常有粗锯齿和缺刻，茎生叶无柄，多数3深裂或羽裂，裂片边缘有不整齐的锯齿，两面均有硬毛。穗状花序细长如鞭，果期长达25厘米，花小，每花具1枚苞片，比萼略短；花冠淡紫至蓝色，裂片5枚；雄蕊4枚，着生于花冠筒的中部。蒴果长圆形，成熟后4瓣裂。花期6~8月，果期7~10月。

利用价值：全草可供药用。也可作绿化观赏。

物种分布：西区10号楼西侧的草地上可见。广布于我国各地。

马蹄金 *Dichondra repens* Forst.

科属：旋花科　马蹄金属

别名：荷苞草、铜钱草

特征简介：多年生匍匐小草本，茎细长，节上生根。叶肾形至圆形，先端宽圆形或微缺，基部阔心形，叶面微被毛，背面被贴生短柔毛，全缘；具长的叶柄。花单生叶腋，花柄短于叶柄；萼片5枚；花冠钟状，黄色，深5裂；雄蕊5枚；心皮2枚，分离，柱头头状。蒴果双球形，具毛。花果期5~7月。

物种分布：校园常见于草坪。我国长江以南各地均有分布。《Flora of China》将其学名修订为*D. micrantha* Urb.。

多花筋骨草 *Ajuga multiflora* Bunge

科属：唇形科　筋骨草属

特征简介：多年生直立草本。全株密被灰白色绵毛。基生叶具柄，茎上部叶无柄；叶片纸质，椭圆状长圆形或椭圆状卵圆形。轮伞花序；苞叶大，与茎叶同形，向上渐小；花萼宽钟形，外面被绵毛；花冠蓝紫色或蓝色，冠檐二唇形，上唇短，先端2裂，下唇伸长，3裂；雄蕊4枚，2强，伸出。小坚果倒卵状三棱形。花期3月下旬至4月，果期5~6月。

利用价值：具有观赏价值。全草入药。

物种分布：校园可见，生于生命科学学院旁的草地。分布于华东、华北等地。

夏枯草 *Prunella vulgaris* L.

科属：唇形科　夏枯草属

别名：铁色草、金疮小草

（胡颖摄）

特征简介：多年生草本。茎钝四棱形，紫红色。轮伞花序密集组成顶生长2~4厘米的假穗状花序，每一轮伞花序具1枚苞片，宽心形；花萼钟形，二唇形，上唇扁平，宽大，具3枚不明显短齿，下唇较狭，2深裂；花冠紫、蓝紫或红紫色，冠檐二唇形；雄蕊4枚，花丝分叉，下面一端生花药。小坚果黄褐色。花期5~6月，果期7~10月。

利用价值：具有观赏价值。全株入药。

物种分布：校园常见杂草，生于草坪、荒地。分布广泛。

一串红 *Salvia splendens* Ker-Gawl.

科属：唇形科　鼠尾草属

别名：象牙红

特征简介：亚灌木状草本。茎钝四棱形。叶卵圆形或三角状卵圆形，叶缘具锯齿。轮伞花序具2~6小花，组成顶生总状花序，苞片卵圆形，红色；花萼钟形，红色，二唇形；花冠红色，冠檐二唇形，上唇直伸，下唇比上唇短，3裂；能育雄蕊2枚，退化雄蕊短小；花柱与花冠近相等。花果期4~10月。

利用价值：栽培观赏。

物种分布：校园常见。原产于巴西。我国各地庭园和花圃中广泛栽培。

其他：校园常见的还有**荔枝草** ***S. plebeia* R. Br.**，俗称"癞子草"，叶片呈点状凹凸不平，叶缘具圆齿。轮伞花序具6朵小花；苞片披针形；花萼钟形，二唇形，唇裂约至花萼长1/3，上唇全缘，先端具3枚尖齿，下唇深裂成2齿，齿三角形，锐尖；花冠常淡红、淡紫，冠檐二唇形；能育雄蕊2枚，药隔弯成弧形，上臂和下臂等长，上臂具药室，下臂不育，膨大，互相联合。花期4~6月，果期6~7月。具有观赏价值。全草入药。除新疆等地外，广布于全国各地。东亚、东南亚及澳大利亚也有。

荔枝草

邻近风轮菜 *Clinopodium confine* (Hance) O. Ktze.

科属：唇形科　风轮菜属

别名：四季草

特征简介：铺散草本，节部生根。茎四棱形。叶卵圆形，先端钝，基部圆形或阔楔形，叶缘自近基部以上具圆齿状锯齿。轮伞花序常多花密集，近球形；苞叶叶状，苞片极小；花萼管状，上唇3齿，三角形，下唇2齿，长三角形；花冠粉红至紫红色，稍超出花萼，下唇、上唇等长，3裂，中裂片较大；雄蕊4枚，内藏。花期4~6月，果期7~8月。

利用价值：全草入药。也可供观赏。

物种分布：校园可见，常生于路边。分布于浙江、江苏、湖南等地。

活血丹 *Glechoma longituba* (Nakai) Kupr

科属：唇形科　活血丹属
别名：金钱草

特征简介：多年生草本。具匍匐茎，逐节生根，茎四棱，上升。叶草质，叶片心形或近肾形，叶缘具圆齿或粗锯齿状圆齿。轮伞花序常具2朵花，稀具4~6朵；花萼管状，齿5枚，上唇3齿较长，下唇2齿略短，花冠淡蓝、蓝至紫色，下唇具深色斑点，雄蕊4枚。花期4~5月。
利用价值：全草或茎叶入药，治膀胱结石或尿路结石等。
物种分布：东区北门旁草地可见。除青海等地外，全国各地均有分布。

宝盖草 *Lamium amplexicaule* L.

科属：唇形科　野芝麻属
别名：珍珠莲

特征简介：一年生或二年生草本。茎多分枝，四棱形。茎上部叶无柄，叶片圆形或肾形，先端圆，基部半抱茎，叶缘具极深的圆齿。轮伞花序6~10朵小花。花冠紫红或粉红色，冠筒细长，冠檐二唇形，上唇直伸，下唇稍长，3裂，中裂片先端深凹。小坚果倒卵圆形，具三棱。花期3~5月，果期5~8月。
利用价值：有观赏价值。全草入药。
物种分布：校园春夏常见的野花。我国除东北外，遍布各地。广泛分布于亚洲。

薄荷 *Mentha haplocalyx* Brig.

科属：唇形科　薄荷属

形态特征：多年生芳香草本。枝条被倒向柔毛。叶脉凹陷。轮伞花序，花冠常淡红色。4枚小坚果卵球形。花果期8~11月。
利用价值：全草入药；可提取薄荷油和薄荷脑；幼嫩茎尖可作蔬菜。
物种分布：西区第三教学楼旁有生长。广布于全国各地，亚洲其他地区和北美洲也有。
其他：《Flora of China》将其学名修订为 *M. canadensis* L.。

随意草 *Physostegia virginiana* (L.) Benth.

科属：唇形科　随意草属

别名：假龙头、芝麻花

特征简介：多年生宿根草本植物，具匍匐茎，株高60~120厘米。茎四棱形。叶对生，披针形，叶缘有细锯齿。花冠唇形，粉红色。花期秋季。

利用价值：观赏花卉。

物种分布：校园常有栽培。原产于北美洲。我国东部地区栽培较多。

其他：小花被轻轻拨动之后并不会回到原来的位置，且各小花的位置不一，给人感觉很随意，故名“随意草”。

婆婆纳 *Veronica didyma* Tenore

科属：玄参科　婆婆纳属

特征简介：铺散多分枝草本。被长柔毛，高10~25厘米。叶2~4对，叶片心形至卵形。总状花序很长；苞片叶状，下部的对生或全部互生；花梗比苞片略短；花冠淡紫色、粉色或白色。蒴果近肾形，凹口约为90度角。花期2~5月。

利用价值：具观赏价值。茎叶味甜，可作饲料。

物种分布：校园常见。分布于我国华东、华中、西南、西北等地。常广布于欧亚大陆北部。

其他：校园常见的还有**直立婆婆纳** ***V. arvensis* L.**，茎直立或上升。叶常3~5对，下部的有短柄，中上部的无柄。总状花序长而多花，花梗极短；花冠蓝紫色或蓝色，长约2毫米。蒴果倒心形，侧扁，宿存的花柱不伸出凹口。花期2~4月。可供观赏。我国华东和华中常见。北温带广布。

直立婆婆纳

阿拉伯婆婆纳 *Veronica persica* Poir.

科属:玄参科　婆婆纳属

别名:波斯婆婆纳、大婆婆纳

特征简介:铺散多分枝草本,高10~50厘米。叶2~4对,具短柄,卵形或圆形,叶缘具钝齿,两面疏生柔毛。总状花序;苞片互生,与叶同形且几乎等大;花梗比苞片长;花冠蓝色,喉部疏被毛。蒴果肾形,凹口角度超过90度,花柱宿存。花期1~5月。

利用价值:具观赏价值。

物种分布:校园春季常见的野花。分布于华东、西南等地。亚洲西部及欧洲也有。

其他:校园草地常见的还有**蚊母草** ***V. peregrina*** **L.**,一年生草本。高10~25厘米,常自基部多分枝,主茎直立。叶无柄,长1~2厘米,全缘或中上部有三角状锯齿。总状花序,苞片与叶同形而略小;花梗极短;花冠白色或浅蓝色,长2毫米。花期4~5月。全草入药。也可供观赏。嫩苗味苦,水煮去苦味,可食。分布于东北、华北、华东和西南等地。欧洲、美洲也有分布。

蚊母草

水苦荬 *Veronica undulata* Wall.

科属:唇形科　婆婆纳属

特征简介:多年生草本。茎圆形,直立。叶无柄,上部的半抱茎,椭圆形或长卵形,有时为条状披针形,叶缘常有尖锯齿。花序比叶长,多花,花序轴、花梗、花萼和蒴果上多少有头状腺毛;花梗在果期挺直,横叉开,与花序轴几乎成直角;花冠浅蓝色、浅紫色或白色,裂片4枚;雄蕊短于花冠。蒴果近圆形,顶端圆钝而微凹。花果期5~7月。

利用价值:全草药用。也可供观赏。

物种分布:校园偶见,常生于水边湿地。分布于我国长江流域以北,以及西南、西北各地。

蓝猪耳 *Torenia fournieri* Linden. ex Fourn.

科属：玄参科　蝴蝶草属

别名：蝴蝶草、夏堇

特征简介：直立草本，高15~50厘米。茎具4窄棱。叶片长卵形，长3~5厘米，宽1.5~2.5厘米，叶缘具带短尖的粗锯齿，叶柄长1~2厘米。花常在枝的顶端排列成总状花序；苞片条形；萼椭圆形，绿色，或顶部和边缘略带紫红色，具5枚翅，果期翅宽可达3毫米；萼齿2枚；花冠长2.5~4厘米；花冠筒淡青紫色，背黄色；上唇直立，浅蓝色或粉红色；下唇裂片矩圆形或近圆形，彼此几近相等，紫蓝色，中裂片的中下部有一黄色斑块。蒴果长椭圆形。花果期6~12月。

利用价值：观花植物，盆栽或植于花坛。

物种分布：校园常见栽培，为花坛绿化植物。原产于越南，现各地栽培。

通泉草 *Mazus japonicus*（Thunb.）O. Kuntze

科属：玄参科　通泉草属

特征简介：一年生草本。基生叶倒卵状匙形至卵状倒披针形，下延成带翅的叶柄。总状花序，常3~20朵小花；花萼钟状；花冠白色、紫色或蓝色，上唇裂片卵状三角形，下唇中裂片较小；子房无毛。蒴果球形。花果期2~9月。

利用价值：可供观赏。

物种分布：校园春季常见的野花。几遍全国。

其他：《Flora of China》将其学名修订为 *M. miquelii* Makino。校园同属的野花还有**弹刀子菜 *M. stachydifolius*（Turcz.）Maxim.**，全株被细长软毛，茎直立。基生叶匙形，茎生叶披针形。总状花序顶生；花萼裂片稍长于筒部或等长，条脉纹明显。蒴果具短柔毛，包于花萼筒内。花期3~6月，果期7~9月。可供观赏。除我国西北外，遍及全国各地。弹读“dàn”。

弹刀子菜

爵床 *Rostellularia procumbens* (L.) Nees

科属：爵床科　爵床属

特征简介：一年生草本。茎基部匍匐。叶椭圆形至椭圆状长圆形，两面常被短硬毛；叶柄短，被短硬毛。穗状花序顶生或生于上部叶腋；苞片1枚，小苞片2枚，均披针形；花萼裂片4枚，线形；花冠2唇形，下唇3浅裂，长7毫米，粉红色；雄蕊2枚。蒴果长约5毫米。花期夏秋季。

利用价值：花小而美丽，可供观赏。全草可药用。

物种分布：校园夏秋常见的野花。分布于我国秦岭以南，东至江苏、台湾，南至广东，西南至云南。

龙葵 *Solanum nigrum* L.

科属：茄科　茄属

别名：野辣虎

少花龙葵

特征简介：一年生直立草本。叶卵形，先端短尖，基部楔形至阔楔形而下延至叶柄，全缘或每边具不规则的波状粗齿。蝎尾状花序腋外生，由4~8(~10)朵小花组成；花冠白色，5深裂裂片三角形，筒部隐于萼内；花丝短，花药黄色。浆果球形，约8毫米，熟时黑色。花果期4~10月。

利用价值：全株入药。

物种分布：校园常见，生于路边。全国几乎均有分布。

其他：校园常见的还有**少花龙葵** ***S. photeinocarpum*** **Nakam. et Odash.**，纤弱草本。花序近伞形，着生1~6小朵花；花冠裂片披针形。浆果直径约5毫米。花果期4~10月。叶可供蔬食，有清凉散热之效。分布于我国华东、华中和西南等地。《Flora of China》将其学名修订为 *S. americanum* Mill.。

特征简介:一年生草本,全体被腺毛。叶有短柄或近无柄,卵形,顶端急尖,基部阔楔形或楔形,全缘。花单生于叶腋,花梗长3~5厘米;花萼5深裂,裂片条形,果时宿存;花冠白色或紫堇色,有各式条纹,漏斗状,檐部开展;雄蕊4长1短;花柱稍超过雄蕊。蒴果圆锥状,长约1厘米,2瓣裂,各裂瓣顶端又2浅裂。花果期5~10月。

利用价值:因花大而美丽,可供观赏。

物种分布:校园常见,栽培于花坛中。原产于阿根廷。世界各地普遍栽培。

其他:本种是一个杂交种。

特征简介:一年生草本,常被疏短柔毛。叶柄长1~5厘米,叶片卵形至卵状椭圆形,顶端尖,基部阔楔形,全缘或有不等大的牙齿。花梗长5~12毫米;花萼5中裂;花冠淡黄色,喉部常有5枚紫色斑纹;花药蓝紫色或有时黄色。果萼膨大成膀胱状,直径1.5~2.5厘米,浆果红色,直径约1.2厘米。花果期6~11月。

利用价值:全草入药。果实熟后可食。也可供观赏。

物种分布:西区偶见,生于荒地、路边。分布于我国华东、华中、华南及西南。

其他:蘵读“zhí”。

车前 *Plantago asiatica* L.

科属：车前科　车前属

别名：车轮草

特征简介：二年生或多年生草本。须根。叶基生呈莲座状，宽卵形至宽椭圆形，基部宽楔形或近圆形，多少下延，叶脉弧形，叶柄长2~15厘米。穗状花序3~10枚，直立或弓曲上升；花冠白色；雄蕊与花柱明显外伸。蒴果纺锤状。花期4~8月，果期6~9月。

利用价值：可入药。

物种分布：校园夏季路边常见的野草。遍布全国。东亚广布。

其他：校园常见的还有**平车前** ***P. depressa*** **Willd.**，直根。叶基生呈莲座状，平卧、斜展或直立；叶片纸质，椭圆形至卵状披针形，基部下延至叶柄；两面疏生白色短柔毛。花序3~10余枚；花冠白色，无毛。蒴果卵状椭圆形至圆锥状卵形。花期5~7月，果期7~9月。全草药用。也可作草坪，供观赏。除华南和华中外，遍布全国。

北美车前 *Plantago virginica* L.

科属：车前科　车前属

别名：毛车前

特征简介：一年生或二年生草本。直根。叶基生呈莲座状；叶片倒披针形至倒卵状披针形，两面及叶柄散生白色柔毛。花序1至多数；花淡黄色，无毛。蒴果卵球形。花期4~5月，果期5~6月。

利用价值：可作草坪。

物种分布：西区二里河畔草地较多。原产于北美洲，为外来杂草，1951年在江西南昌市郊区发现，现今在华东和华南等地有生长。

猪殃殃 *Galium aparine* L.

科属：茜草科　拉拉藤属

别名：拉拉藤

特征简介：蔓生或攀援状草本。茎4棱。叶6~8枚轮生，倒披针形，两面常有紧贴的刺状毛。聚伞花序腋生或顶生，花4基数；花冠黄绿色或白色，辐状；子房被毛，花柱2裂至中部，柱头头状。果干燥，密被钩毛，果柄直。花果期4~6月。

利用价值：全草药用。为田间杂草。

物种分布：校园春季常见的野草。我国除海南及南海诸岛外，全国均有分布。《Flora of China》将其学名修订为 *Galium aparine* L. var. *tenerum* (Gren. et Godr.) Rchb.，降级为变种。

半边莲 *Lobelia chinensis* Lour.

科属：桔梗科　半边莲属

别名：蛇共眠

特征简介：多年生草本，具乳汁。茎细弱，匍匐。叶互生，椭圆状披针形至条形，全缘或顶部有明显的锯齿，无毛。花通常1朵，生于枝条上部叶腋；花梗细；花冠粉红色或白色，背面裂至基部，喉部以下生白色柔毛，裂片全部平展于下方，呈一个平面，2侧裂片披针形，较长，中间3枚裂片椭圆状披针形，较短。蒴果倒锥形。花果期5~10月。

利用价值：因花型奇特，可供观赏。含有多种生物碱，全草可供药用。

物种分布：东区图书馆北边草地上可见。分布于长江中下游及其以南各地。

（胡颖摄）

赛菊芋 *Heliopsis helianthoides* (L.) Sweet

科属：菊科　赛菊芋属

特征简介：多年生草本。茎分枝。单叶对生，叶片卵状至三角状披针形，叶缘有不规则粗锯齿，离基三出脉，有叶柄。头状花序顶生；总苞片2~3层，苞片叶状，顶端圆钝；舌状花黄色，开展，雌性；管状花两性。瘦果无冠毛。花期5~8月，果期8~10月。

利用价值：因花色艳丽，可供观赏。

物种分布：西区计算机学院西北侧、东区研究生宿舍南侧有栽培。原产于北美。我国东部地区栽培较多。

其他：校园家属区常栽有**菊芋** ***Helianthus tuberosus*** **L.**，为菊科向日葵属，大型草本，具块茎，通体具刚毛或糙毛。叶序不定。头状花序单生枝顶，具多层总苞片，舌状花12~20枚。花期8~9月，块茎作蔬菜，称“洋姜”。原产于北美。

菊芋

秋英 *Cosmos bipinnata* Cav.

科属：菊科　秋英属

别名：大波斯菊

特征简介：一年生草本。叶片二回羽状深裂，裂片线性。头状花序单生于枝顶；总苞片外层披针形或线状披针形，内层椭圆状卵形；舌状花紫红色、粉红色或白色；舌片椭圆状倒卵形，有3~5枚钝齿；管状花黄色。瘦果黑紫色，上端具长喙，有2~3枚尖刺。花期5~10月，果期9~11月。

利用价值：因花朵美丽，花期长，可供观赏。

物种分布：西区同步辐射实验室、东区石榴园可见栽培。原产于美洲墨西哥。在我国栽培甚广。

钻叶紫菀 *Aster subulatus* Michx.

科属：菊科　紫菀属

特征简介：一年生草本。茎直立，上部多分枝。单叶互生；中部叶条状披针形，近无柄，全缘；上部叶渐小渐狭，线性或钻形。头状花序直径约5毫米，排成伞房状；总苞钟形；缘花舌状，舌片短，粉红色；管花盘状，黄色，顶端带紫红色。瘦果，冠毛污白色或稍红褐色。花果期7~11月。

利用价值：嫩苗可食用。也可供观赏。

物种分布：西区二里河北岸常见。为外来植物，原产于北美。江苏、浙江、江西、云南、贵州等地均有生长。

马兰 *Kalimeris indica* (L.) Sch.-Bip.

科属：菊科　马兰属

别名：马兰头

特征简介：多年生草本。单叶互生，叶形多变，花期枯萎；边缘具2~4对细齿或粗齿；上部叶渐小，全缘。头状花序直径2~2.5厘米，单生枝端，排成疏伞房状；总苞片2~3层，上部草质，边缘膜质；舌状花1层，淡紫色，长约1厘米；管状花多数，黄色。瘦果。花期7~9月，果期8~10月。

利用价值：全草入药。嫩茎叶常作蔬菜食用。

物种分布：校园草地、路旁可见。广泛分布于亚洲南部及东部。

加拿大一枝黄花 *Solidago canadensis* L.

科属：菊科　一枝黄花属

别名：金棒草

特征简介：多年生草本。全体被糙毛或刚毛，具根状茎。叶披针形或线状披针形，近无柄。头状花序很小，在花序分枝上单面着生，多数弯曲的花序分枝与单面着生的头状花序，形成开展的圆锥状花序；边缘舌状花很短，黄色。瘦果有细毛。花果期7~11月。

利用价值：作插花配料，也可供观赏。

物种分布：西区特种实验室南边荒地、路边可见生长。原产于北美洲。

其他：该种于1935年引入上海和南京，作插花配料。后经逃逸，现为有害生物，被列入《中国外来入侵物种名单》(第二批)。

一年蓬 *Erigeron annuus* (L.) Pers.

科属：菊科　飞蓬属

特征简介：一年生或二年生草本。高30~100厘米，中部和上部叶较小，长圆状披针形或披针形，具短柄或无柄，叶缘有不规则的齿或近全缘。头状花序数个或多数，排列成疏圆锥花序；总苞片3层；外围的雌花舌状，舌片平展，白色，中央的两性花管状，黄色。瘦果披针形；冠毛异形。花果期4~10月。

利用价值：全草入药。可供观赏。

物种分布：校园常见的野生植物。原产于北美洲。我国广泛分布。

天名精

其他：校园偶见杂草**天名精** ***Carpesium abrotanoides*** **L.**，为天名精属，叶面粗皱，具糙毛，背面密被短柔毛，具小腺点。头状花序多数，近无梗，着生叶腋；总苞钟形，全为管状花。花果期7~10月。全草药用。我国除西北和东北外都有分布。

香丝草 *Conyza bonariensis* (L.) Cronq.

科属：菊科　白酒草属

别名：野塘蒿

形态特征：一年生或二年生草本，灰绿色，全株被细柔毛。叶互生，条状披针形，具不规则疏齿，茎上部叶近全缘。头状花序多数，总苞壶形，直径约5毫米，边缘雌花舌片极短，白色，两性花黄色，与雌花近等长。花果期6~9月。

利用价值：全草入药。

物种分布：校园常见。原产南美洲，现在我国淮河以南地区已归化。

小蓬草

其他：校园还有同属的另一种植物**小蓬草** ***C. canadensis*** **(L.) Cronq.**，俗称“小飞蓬”，高达1米，全株具脱落性粗糙毛，叶缘具硬长睫毛。总苞半球形，直径约3毫米。花期5~9月。原产北美洲，在我国各地已归化。

刺儿菜 *Cirsium setosum* (Willd.) MB.

科属：菊科　蓟属

别名：大蓟、小蓟

特征简介：多年生草本具长根茎。茎直立。叶常无叶柄，椭圆形或披针形或线状披针形，叶缘有细密的针刺，针刺紧贴叶缘，或叶缘有刺齿，齿顶针刺大小不等。头状花序单生茎枝顶端；小花紫红色或白色，雌花花冠长2.4厘米，两性花花冠长1.8厘米。瘦果淡黄色，冠毛污白色。花果期4~8月。

利用价值：常见杂草。全草入药。

物种分布：校园常见的野草，生于路边、荒地。分布于全国各地。

蓟

其他：校园常见的还有蓟 ***C. japonicum* Fisch ex DC.**，茎被稠密或稀疏的多细胞长节毛。基生叶较大，羽状深裂或几全裂，柄翼边缘有针刺及刺齿；侧裂片6~12对。头状花序直立，总苞片约6层，覆瓦状排列，顶端有针刺，外面具蛛丝状毛。小花红色或紫色，不等5浅裂。瘦果压扁，冠毛浅褐色，基部联合成环。花果期6~9月。有观赏价值。根和叶可入药。广布于华东和华北等地。

泥胡菜 *Hemistepta lyrata* Bunge

科属：菊科　泥胡菜属

特征简介：一年生草本。中下部茎叶大头羽状深裂或几全裂，倒卵形、长椭圆形，裂片边缘具三角形锯齿，两面异色，上面绿色，下面灰白色，被绒毛。头状花序排成疏松伞房花序；总苞片多层，中外层苞片近顶端有直立的鸡冠状突起的紫红色附片，内层苞片无附片；小花紫色或红色，深5裂。冠毛异型，白色，两层，外层羽毛状，基部连合成环，脱落；内层冠毛极短，鳞片状。花果期4~7月。

利用价值：有观赏价值。

物种分布：校园常见的野生植物。除新疆、西藏外，遍布全国。

艾蒿 *Artemisia argyi* Lévl. et Van.

科属：菊科　蒿属

形态特征：多年生直立大型草本，具芳香味。茎具纵棱和白色绒毛，中下部稀分枝。单叶互生，叶片羽状中裂，叶面散生白色腺点，背面密被白色绒毛。极小的头状花序排成大型圆锥花序。花果期7~10月。

利用价值：艾叶碾成的艾绒为针灸加热用料。民间有端午节插艾的习俗。全株入药。

物种分布：校园家属区常见。我国除西北地区外均有分布，野生或栽培。

其他：校园常见的蒿属植物还有以下3种：① **黄花蒿 *A. annua* L.**，具奇臭味的一年生直立草本，高1~2米。茎枝具纵棱。叶互生，二至三回羽状深裂；托叶常羽状裂。头状花序极小。花期8~11月。全草入药，含青蒿素。为嫁接菊花的砧木。校园常见。全国广布。② **阴地蒿 *A. sylvatica* Maxim.**，茎具纵棱。叶互生，二回羽状深裂，侧裂片2~3对，裂片再次羽状中裂，末回裂片条状，背面具厚白色茸毛。大型稀疏圆锥花序，2~3毫米的头状花序外具蛛丝状毛。花果期7~10月。清明节前后民间有用其制作蒿子饼的习俗。校园旷地有生长。我国中部和北部常见。③ **红足蒿 *A. rubripes* Nakai**，具浓烈气味，茎淡红色，具纵棱和柔毛。中部叶一回羽状深裂，裂片狭长披针形，边缘反卷，背面密被蛛丝状毛。头状花序密集于圆锥花序的分枝上，花黄色。花果期8~11月。校园常见的野草。分布于我国东北、华北和华东等地。

黄花蒿

阴地蒿

红足蒿

金盏花 *Calendula officinalis* L.

科属：菊科　金盏花属

别名：金盏菊

形态特征：一年生植物，常自基部分枝，被腺状柔毛。单叶互生，基生叶具柄，茎生叶无柄。头状花序单生枝端，直径4~5厘米；总苞1~2层；小花黄色或橙黄色，舌状花1层或多层，稀为全舌状花，管状花檐部具三角状披针形裂片；瘦果内弯，脊两侧具刺突花纹，顶端具喙。花果期5~10月。

利用价值：花美丽鲜艳，为庭院、公园装饰花圃、花坛的理想花卉。

物种分布：西区常见栽培。我国各地广泛栽培。

鳢肠 *Eclipta prostrata* (L.) L.

科属：菊科　鳢肠属

形态特征：一年生富含水汁草本，高20~60厘米，全株密被糙伏毛，植株干后变黑色。叶对生，叶片披针形，叶缘具疏细齿，近无柄。头状花序生于叶腋，外层舌状花，中央管状花，均白色。花果期6~10月。

利用价值：全株入药。可作家畜饲料。

物种分布：校园湖边常见。分布于全国各地。

蒲公英 *Taraxacum mongolicum* Hand. Mazz.

科属：菊科　蒲公英属

别名：黄花地丁

特征简介：多年生具乳汁草本。叶常倒卵状披针形或羽状深裂。花葶1至数个，与叶等长或稍长，上部紫红色；头状花序直径30~40毫米；总苞钟状，2~3层；舌状花黄色。瘦果倒卵状披针形，暗褐色；冠毛白色。花期1~9月。

利用价值：具观赏价值。全草药用或食用。

物种分布：校园常见的野花。分布广泛，植株变异较大。

稻槎菜 *Lapsana apogonoides* Maxim.

科属：菊科　稻槎菜属

特征简介：一年生具乳汁小草本。基生叶常大头羽状全裂；茎生叶少数。头状花序小，在茎枝顶端排列成伞房状圆锥花序；总苞片2层；舌状小花黄色，两性。瘦果淡黄色，稍压扁，有粗细不等的细纵肋，顶端两侧各有1枚下垂的长钩刺，无冠毛。花果期2~6月。

利用价值：可供观赏。

物种分布：校园夏季草坪常见的野草。分布于华东、华中和西南等地。

其他：槎读"chá"。《Flora of China》将其学名修订为*L. apogonoides* (Maxim.) J. H. Pak et Bremer。

黄鹌菜 *Youngia japonica*（L.）DC.

科属：菊科　黄鹌菜属

特征简介：一年生具乳汁草本。基生叶常全形倒披针形，大头羽状深裂或全裂；无茎叶或极少有1(~2)枚茎生叶。花茎直立，顶端伞房花序状分枝或下部有长分枝；头花序含10~20枚舌状小花，在茎枝顶端排成伞房花序；总苞圆柱状，4层，外层及最外层极短，全部总苞片外面无毛；舌状小花黄色。瘦果纺锤形，压扁。花果期2~7月。

利用价值：可供观赏。

物种分布：校园常见。分布较广。

翅果菊 *Pterocypsela indica* (L.) Shih

科属：菊科　翅果菊属

别名：山莴苣

特征简介：一年生或二年生草本，具乳汁。茎直立，单生，全株无毛。单叶互生，叶披针形、线形或剑状披针形，全缘或有细齿，或羽状浅裂；无柄，基部半抱茎。头状花序在茎端排成圆锥花序；总苞圆锥形；小花朝夕闭合，午间开放，淡黄色。瘦果黑色，压扁，边缘有宽翅，每面有1条细纵脉纹，冠毛白色。花果期8~11月。

利用价值：可供观赏。嫩苗和叶为优质猪饲料，也可作蔬菜食用。

物种分布：校园常见，西区二里河北岸、特种实验室南边荒地上较多。分布广泛。

苦苣菜 *Sonchus oleraceus* L.

科属：科　苦苣菜属

形态特征：一年生或二年生植物，具白色乳汁。茎具纵棱，中空，上部具紫红色头状腺毛。单叶互生，不规则羽状裂，叶柄具翅，基部抱茎。头状花序具多数舌状花，黄色。瘦果边缘窄，肋间具横纹。花果期4~11月。

利用价值：全草入药。

物种分布：校园常见。我国各地都有分布。

其他：校园还有同属的另一种植物——**花叶滇苦菜*S. asper* (L.) Hill**，俗称“续断菊”，叶质糙硬，叶缘浅裂，具硬尖刺。瘦果边缘宽，肋间无横纹。花果期相同。全国各地广布。

花叶滇苦菜（续断菊）

抱茎小苦荬 *Ixeridium sonchifolium* (Maxim.) Shih

科属：菊科　小苦荬属

别名：抱茎苦荬菜、苦荬菜

特征简介：多年生具乳汁草本。茎单生，直立。基生叶莲座状；叶形多变，上部茎叶心状披针形，常全缘，向基部心形或圆耳状扩大抱茎。头状花序排成伞房或伞房圆锥花序，舌状小花黄色。瘦果黑色，冠毛白色。花果期4~6月。

利用价值：可供观赏。全草入药。

物种分布：校园常见于荒地、草地。分布广泛。

其他：荬读“mǎi”。校园草地常见的还有**中华小苦荬** ***I. chinense*** **(Thunb.) Tzvel.**，多年生具乳汁草本。基生叶常披针形，叶形变化大；茎生叶2~4枚，极少1枚或无茎叶。头状花序常排成伞房花序；总苞圆柱状，总苞片3~4层；舌状小花黄色或白色。瘦果褐色，冠毛白色。花果期3~7月。全草入药。嫩叶可作饲料。可供观赏。分布较广。

菹草 *Potamogeton crispus* L.

科属：眼子菜科　眼子菜属

别名：虾藻

特征简介：多年生沉水草本。茎稍扁，多分枝。叶条形，无柄，长3~8厘米，宽3~10毫米，先端钝圆，基部约1毫米与托叶合生，但不形成叶鞘，叶缘多少呈浅波状，具疏或稍密的细锯齿；叶脉3~5条。穗状花序顶生，具小花2~4轮；花小，花被片4枚，淡绿色；雄蕊4枚；雌蕊4枚，基部合生。果实卵形。花果期4~8月。

利用价值：为草食性鱼类的良好天然饵料。

物种分布：校园常见水生植物。分布于我国南北各地。世界广布种。

白顶早熟禾

早熟禾 *Poa annua* L.

科属:禾本科　早熟禾属

特征简介:一年生或冬性禾草。秆高6~15厘米,全株光滑无毛。叶片长2~12厘米,宽1~4毫米,质地柔软,顶端急尖呈船形。圆锥花序宽卵形,长3~7厘米,开展;分枝1~3枚着生于各节;小穗卵形,含3~5朵小花,绿色;花药长0.7~0.8毫米,黄色。花果期2~5月。

利用价值:作草坪绿化。也可作饲料。

物种分布:校园常见。广布于我国大部分地区。

其他:早春发绿,“天街小雨润如酥,草色遥看近却无”,该诗句可能描写的就是这种植物。校园草地常见的有**白顶早熟禾** ***P. acroleuca* Steud.**,叶片柔软。圆锥花序细弱下垂,每节2~5分枝;小穗卵圆形,粉绿色;内稃较外稃稍短,脊都具丝状毛;基盘具绵毛。花果期2~5月。我国除东北和西北外都有分布。

雀麦 *Bromus japonica* Thunb. ex Murr.

科属:禾本科　雀麦属

特征简介:一年生草本。秆高40~60厘米。叶鞘闭合,被柔毛;叶舌先端近圆形;叶片长12~30厘米,宽4~8毫米,两面生柔毛。圆锥花序稀疏,具2~8枚分枝,向下弯垂;分枝细,上部着生1~4枚小穗;小穗黄绿色,密生7~11朵小花,长12~20毫米,宽约5毫米。颖果长7~8毫米。花果期3月下旬至7月。

利用价值:可作牧草。

物种分布:校园常见。广布于长江、黄河流域各地。

其他:校园草地常见的**高羊茅** ***Festuca elata* Keng ex E. Alex.**,为羊茅属,多年生丛生草本。叶片常内卷,墨绿色,光滑;叶舌膜质,平截。小穗含2~3枚小花,内外稃近等长,外稃具短芒。花果期4~7月。常作草坪绿化。分布于我国南方。

高羊茅

牛筋草

鹅观草 *Roegneria kamoji* Ohjwi

科属：禾本科　鹅观草属

特征简介：多年生草本。秆直立或基部倾斜，高30~100厘米。叶鞘外侧边缘常具纤毛；叶片扁平，长5~40厘米，宽3~13毫米。穗状花序长7~20厘米，弯曲或下垂；小穗绿色或带紫色，含4~10小花；内外颖均具芒；第一外稃先端延伸成芒，芒粗糙，长20~40毫米。花果期4~7月。

利用价值：可作饲料。

特种分布：校园常见。分布几乎遍及全国。

其他：校园路边常见的**牛筋草** ***Eleusine indica*** **(L.) Gaertn.**，为蟋蟀草属，秆基部倾斜向四周开展，具韧性。叶鞘压扁，具脊。穗状花序2~3枚指状着生秆顶。小穗两侧压扁，无柄，密集双行列于小穗下侧。花果期4~8月。作牧草或药用。遍布全国。

狗尾草 *Setaria viridis* (L.) Beauv.

科属：禾本科　狗尾草属

金色狗尾草

看麦娘

特征简介：一年生草本。秆高30~100厘米。叶片条状披针形。圆锥花序紧密呈圆柱状，长8~15厘米，绿色；小穗长2~2.5毫米，2至数枚簇生于缩短的分枝上，基部有刚毛状小枝1~6枚，成熟后与刚毛分离而脱落。第二颖与第二小花等长。花果期4~8月。

利用价值：可作饲料。

物种分布：校园常见。广布我国南北各地。

其他：常与狗尾草生长在一起的还有**金色狗尾草** ***S. glauca*** **(L.) Beauv.**，植株较矮，花序细而短，长4~7厘米，金黄色或略带淡紫色，第2颖为第2小花的1/2长。花期6~10月。此外校园常见野草**看麦娘** ***Alopecurus aequalis*** **Sobol.**，为看麦娘属，一年生草本，秆丛生，高15~30厘米。叶鞘疏松抱茎，具白粉，叶舌明显。圆锥花序棒状，小穗的外稃自下部1/4处伸出约3毫米的芒，花药橙黄色。花果期4~8月。为路边或麦田的杂草。分布于我国华东、华南和华北地区。

白茅 *Imperata cylindrica* (L.) Beauv.

科属:禾本科　白茅属

别名:茅草

细叶结缕草

形态特征:多年生草本,根状茎发达。秆高30~70厘米,1~3节,节无毛。叶鞘聚集秆基部,老枯叶鞘呈纤维状;叶舌膜质,长2毫米;叶片扁平,线状披针形,长20~60厘米,宽2~8毫米。圆锥花序圆柱状,密集,小穗具白色丝状柔毛。花果期6~9月。

利用价值:为牲畜的牧草。叶可盖房或制作蓑衣。根茎入药。

物种分布:西区第三教学楼附近草地常见。分布于华北、西北、华东和华中地区。非洲北部、西亚、中亚和地中海等地也有。

其他:因根茎蔓延生长力极强,为一种难除的农田杂草。此外,校园常见的本科小型草本还有:① **狗牙根 *Cynodon dactylon* (L.) Pers.**,为狗牙根属,多年生植物,具根茎和匍匐茎。叶互生,在基部因节间短缩似对生,叶鞘具脊。穗状花序指状着生秆顶;小穗双行覆瓦状排列于穗轴的一侧。颖具膜质边缘,两颖近等长。花果期5~10月。全草入药。可作草坪。全国广布。② **细叶结缕草 *Zoysia tenuifolia* Willd. ex Trin.**,为结缕草属,别名"天鹅绒草",秆高5~10厘米,叶片质地较软,上面具沟,叶舌膜质,长0.3毫米,顶端裂为纤毛状,鞘口具丝状长毛。花果期8~12月。常作草坪用。分布于我国南方地区。《Flora of China》将其合并到沟叶结缕草 *Z. matrella* (L.) Merr.。③ **光头稗 *Echinochloa colonum* (L.) Link**,为稗属,一年生草本,叶片狭带形,主脉白色,叶鞘压扁而背具脊,无毛;叶舌缺。圆锥花序主轴三棱形,侧枝为总状花序,长1~2厘米,小穗排列成较规则的4行,位于穗轴的一侧。花期5~6月。分布于长江流域以南地区。④ **黑麦草 *Lolium perenne* L.**,为黑麦草属,多年生草本。叶鞘短于节间;叶片柔软。穗状花序由2列小穗交替组成,小穗含7~11枚小花,颖短于小穗,常长于第一小花,具5脉;外稃披针形,常无芒。花果期5~7月。为牧草。

芦苇 *Phragmites australis* (Cav.) Trin. ex. Steud.

科属: 禾本科　芦苇属

形态特征: 多年生高大草本植物,根状茎发达,秆高2~3米,秆节下常被白粉。叶片线状披针形,长15~45厘米,宽1.5~3.5厘米;叶舌极短,常为一圈纤毛。圆锥花序长15~35厘米,微下垂,下部枝腋密生白柔毛;小穗常具4~7朵小花,长12~15毫米;颖具3脉,外颖短于内颖;第一小花常为雄性,基盘棒状,具长柔毛。花果期7~11月。

利用价值: 茎秆可造纸,秆壁编制帘席。根可入药。嫩芽可食用。为护岸和净化污水的植物。

物种分布: 西区湖旁有生长。分布于全国各地。

五节芒 *Miscanthus floridulus* (Lab.) Warb. ex Schum. et Laut.

科属: 禾本科　芒属

形态特征: 多年生大型草本,根状茎发达。秆高2~3米,节下具白粉。叶鞘无毛,叶舌1~2毫米,顶端具纤毛;叶片披针状线形,长30~70厘米,宽1.5~3厘米,中脉粗壮隆起,叶缘密具粗齿。大型圆锥花序,主轴粗壮,达花序2/3以上;小穗的外颖和内颖等长,外颖侧脉内折呈2脊,脊间中脉不明显,内颖具3脉,中脉呈脊;外稃片稍短于外颖,边缘具纤毛,内稃具长芒,长7~10毫米;基盘具较小穗稍长的丝状毛;雄蕊3枚,花药长约2毫米;柱头紫黑色。花果期5~10月。

利用价值: 茎可造纸。嫩叶可作牛的饲料。现常作绿化植物观赏。

物种分布: 东区眼镜湖边和西区第三教学楼广场有栽培。分布于华东和华南地区。

其他: 叶片两侧非常锋利,切勿触摸。

香附子 *Cyperus rotundus* L.

科属:莎草科　莎草属

形态特征:多年生草本,具块根。叶线形,基生,一般短于秆,宽2~5毫米;叶鞘棕褐色,常裂为纤维状。花序具叶状苞片2~3(5)枚,一般长于花序;花序具3~10枚辐射枝,穗状花序具3~10小穗,小穗长1~3厘米,含8~30朵小花,小穗轴具白色翅。花果期5~10月。

利用价值:块根入药。

物种分布:校园常见。全国广布。

其他:东区眼镜湖边生长有莎草科薹草属的**陌上菅** ***Carex thunbergii* Steud.**,为多年生喜湿草本,叶片灰绿色,质软,长30~50厘米,叶鞘膜质,白色,基部叶鞘褐色,纤维状裂。秆三棱形,光滑。花序分枝具刚毛,苞叶长于小穗;雌雄同株,小穗3~5枚,雄性在上部,雌性在下部,粗壮,下垂;鳞片伸出,基部两侧具膜质边缘。果胞顶端钝。花果期5~9月。分布于长江流域以北地区。

虎掌 *Pinellia pedatisecta* Schott

科属:天南星科　半夏属

别名:掌叶半夏

特征简介:多年生草本。块茎近圆球形。叶1~3枚或更多,叶柄淡绿色,叶片鸟足状分裂,裂片6~11枚,披针形,渐尖,基部渐狭,楔形,两侧裂片依次渐短小。花序柄直立,佛焰苞淡绿色,肉穗花序:雌花序长1.5~3厘米;雄花序长5~7毫米;附属器黄绿色,细线形,直立或略呈"S"形弯曲。浆果卵圆形,绿色至黄白色,藏于宿存的佛焰苞管部内。花果期5~7月。

利用价值:块茎供药用。

物种分布:校园常见于东区第五教学楼附近的草坪、荒地。我国特有,分布于西南、华北以及江苏、安徽等地。此外,东区眼镜湖生长有**菖**

蒲 ***Acorus calamus* L.**,为天南星科菖蒲属,多年生草本,全株具香味。叶狭剑形,2列,长40~80厘米,叶片中肋两面凸起,白色。肉穗花序,佛焰苞叶状。花果期6~7月。根茎入药。遍布全国。

浮萍 *Lemna minor* L.

科属:浮萍科 浮萍属

形态特征:浮水小植物。叶状体扁平,对称,长2~5毫米,宽2~3毫米,具不明显3脉,两面绿色;每个叶状体具1根,根尖钝。主要为营养繁殖,有性繁殖罕见,为雌雄同株,极小的花生于叶状体边缘;雄花2朵,每花1雄蕊;雌花1朵,1雌蕊。花期6~7月。

利用价值:作家畜和家禽的饲料。

物种分布:西区图书馆北侧池塘常有生长。遍布于全国各地的池塘或稻田。

其他:校园还有一种难以观察的浮萍科植物——芜萍 ***Wolffia arrhiza* (L.) Wimm.**,俗称“无根萍”或“微萍”,为芜萍属。植物体无根无叶,细小如沙,球形,绿色,长约1毫米。花极其小,单性同株;常分裂繁殖。常与浮萍伴生,为世界上最小的有花植物,因营养丰富是饲养鱼苗的最好饲料。

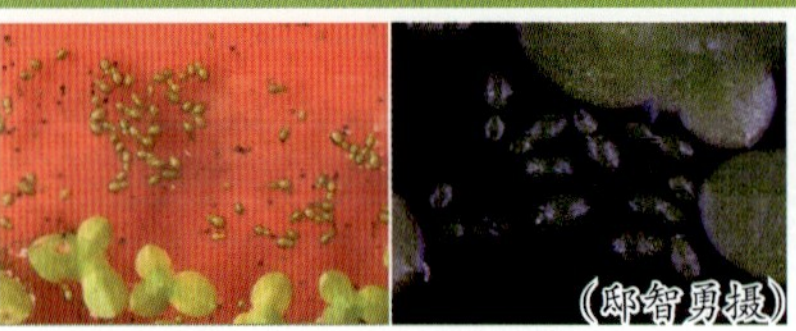

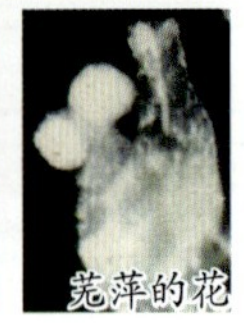

图片中大的是浮萍,小的是芜萍。

饭包草 *Commelina bengalensis* L.

科属:鸭跖草科 鸭跖草属

别名:火柴头、卵叶鸭跖草

特征简介:多年生披散草本。叶有明显的叶柄;叶片宽卵形,叶鞘口有疏而长的睫毛。佛焰苞漏斗状,与叶对生,常数个集于枝顶;花瓣蓝色,圆形,内面2枚具长爪。地下的蒴果椭圆状;种子黑色,3粒,其中1粒较大。花期夏秋季。

利用价值:可入药。花色美丽极具观赏价值。

物种分布:校园常见。分布于秦岭至淮河流域以南地区。

其他:地下根状茎上生有闭花受精的花,是名副其实的地下开花结果的植物。

鸭跖草 *Commelina communis* L.

科属:鸭跖草科　鸭跖草属
别名:淡竹叶、兰花菜

特征简介:一年生披散草本。叶披针形至卵状披针形。总苞片呈佛焰苞状,心状卵形,叶缘对折,基部不相连,具柄,与叶对生;花瓣3枚,深蓝色,内面2枚较大。蒴果椭圆形。花果期5~10月。

利用价值:花蓝色且美丽,极具观赏价值。可药用,有消肿利尿、清热解毒等功效。

物种分布:校园路边常见野草。分布于云南、四川、甘肃以东的南北各地。

其他:西区图书馆草地上有**竹节草 *C. diffusa* N. L. Burm.**,一年生披散草本。茎匍匐。节上生根。叶披针形,叶鞘具1列毛。佛焰苞披针形。花瓣蓝色。蒴果3室,有2室具2粒种子,另1室仅1粒种子。花果期9~10月。药用,能消热、散毒、利尿。花汁可作青碧色颜料,用于绘画。分布于我国西藏、云南、贵州、广西、广东、台湾和海南等地。

老鸦瓣 *Amana edulis* (Miq.) Honda

科属:百合科　老鸦瓣属
别名:光慈姑

特征简介:鳞茎皮纸质。叶2枚,长条形。花单朵顶生,靠近花的基部具2枚对生的狭条形苞片;花被片狭椭圆状披针形,白色,背面有紫红色纵条纹;雄蕊6枚,3长3短。蒴果近球形,有长喙。花期2~3月,果期4~5月。

利用价值:有观赏价值。鳞茎供药用,又可提取淀粉和秋水仙碱等。

物种分布:校园可见于西区芳花园草地、东区图书馆前草地、东区第一教学楼南面草地等地。分布于华北、长江流域及西南等地。

其他:此种原来在郁金香属(*Tulipa*),在最新的分类系统中,老鸦瓣单独成一个属。

玉簪 *Hosta plantaginea* (Lam.) Aschers.

紫萼

科属：百合科　玉簪属

特征简介：根状茎粗厚。叶常卵形，基部心形。花葶高40~80厘米，具几朵至十几朵花；苞片卵形或披针形，花单生或2~3朵簇生，长10~13厘米，白色，芳香；花梗长约1厘米；雄蕊与花被近等长或略短，基部15~20毫米贴生于花被管上。蒴果圆柱状，3棱。花果期6~8月。

利用价值：供栽培观赏。全草供药用，根、叶有小毒。

物种分布：校园多见。分布于我国各山区，现广泛栽培观赏。

其他：校园内还有花叶玉簪等栽培品种。雨后的玉簪晶莹剔透，王安石曾有诗“瑶池仙子宴流霞，醉里遗簪化作花”。此外，校园栽培的还有**紫萼** ***H. ventricosa*** **(Salisb.) Stearn**，基生叶较小，长8~20厘米。花柄基部有1枚苞片；花淡紫色，长3.5~5.5厘米，花被管下部细窄，上部开展成钟状；花丝着生花被管基部，与花被分离。蒴果筒状，长3.5厘米。花期6~7月。药用，或栽培观赏。分布于秦岭以南地区。

萱草 *Hemerocallis fulva* (L.) L.

科属：百合科　萱草属

黄花菜

特征简介：丛生草本。根具纺锤状膨大肉质块根。叶基生，排成两列。花葶粗壮，螺壳状聚伞花序，再组成圆锥状，具花6~12朵或更多；苞片卵状披针形；花早上开晚上谢，无香味，花橘红色至橘黄色，内花被下部一般有“A”形彩斑，盛开时花被片反曲；雄蕊伸出，上弯，短于花被片；花柱伸出，上弯，比雄蕊长。蒴果矩圆形。花果期6~8月。

利用价值：因花大而美丽，可供观赏。块根药用。

物种分布：西区生命科学学院大楼、图书馆、力三楼等周围草地上均可见。全国各地常见栽培，秦岭以南各地有野生。

其他：校园家属区常见栽培有**黄花菜（金针菜）** ***H. citrina*** **Baroni**，根肉质粗壮。花序含10余朵花，花被管长3~5厘米，花被片黄色，芳香，午后开放，次日午前凋萎。花期8~10月。干花可食用。鲜花和根具毒性。分布于秦岭以南地区。

山麦冬 *Liriope spicata* (Thunb.) Lour.

科属: 百合科　山麦冬属

别名: 土麦冬、大麦冬、麦冬

特征简介: 多年生草本。纺锤状肉质块根小而少;根状茎短,木质,具地下茎。叶片线性,长25~60厘米,宽4~6(~8)毫米,具5条脉。花葶通常长于或几等长于叶;总状花序具多数花;花通常(2~)3~5多簇生于苞片腋内;苞片小,披针形;花柄直立,花被片矩圆形、矩圆状披针形,淡紫色或淡蓝色;花药钝头,长约2毫米;子房上位,花柱长约2毫米,稍弯,柱头不明显。种子近球形,黑色。花期7~10月,果期8~10月。

利用价值: 栽培观赏。块根入药。

物种分布: 校园常见栽培。我国黄河流域以南地区广泛分布或栽培。

其他: 校园常见栽培的还有**麦冬(细叶麦冬)** ***Opiopogon japonicus*** **(L. f) Ker-Gawl.**,为百合科沿阶草属,多年生草本。叶片线形,宽小于5毫米,主脉两面隆起,叶缘粗糙。小花1至多朵簇生总状花序上,花序长度明显短于叶片,小花发育不整齐,花丝粗壮极短,花药箭形;子房半下位。种子蓝黑色。花果期5~8月。全国广泛分布。

麦冬

蜘蛛抱蛋 *Aspidistra elatior* Blume

科属: 百合科　蜘蛛抱蛋属

形态特征: 多年生植物。单叶自根茎生出(故称"一叶兰"),具长柄。根茎顶生一花,花被钟状,顶端8裂;雄蕊8枚,花丝短;柱头膨大呈盾状,深4裂,每裂片又2裂。花期4~5月。

利用价值: 全株入药。为观叶植物,因花被裂片8枚似蜘蛛的腿,膨大圆形的柱头似卵,故名"蜘蛛抱蛋"。

物种分布: 东区家属区有露天栽培。北方地区多室内栽培。分布于我国南方地区,东南亚也有。

葱莲 *Zephyranthes candida* (Lindl.) Herb.

科属:石蒜科　葱莲属

别名:葱兰、玉帘

韭莲

特征简介:多年生草本。鳞茎卵形。叶狭线形。花葶中空;花单生于花葶顶端,总苞片顶端2裂;花白色;花被片6枚;雄蕊6枚;柱头不明显3裂。蒴果近球形,3瓣开裂;种子黑色。花期秋季。

利用价值:观赏花卉。

物种分布:校园常见。原产于南美,我国引种栽培供观赏。

其他:叶似葱,花似莲,故名“葱莲”。校园栽培的还有**韭莲** ***Z. grandiflora*** **Lindl.**,别名“风雨花”,基生叶常数枚簇生,线形,扁平。花单生于花葶顶端;花玫瑰红色或粉红色;花被裂片6枚,裂片倒卵形;雄蕊6枚;柱头深3裂。花期夏秋季。

朱顶红 *Hipppeastrum rutilum* (Ker-Gawl.) Herb.

科属:石蒜科　朱顶红属

(胡颖摄)

形态特征:鳞茎大。叶宽带状,肉质,短于花葶。伞形花序具2至数花,花被长10~15厘米,深红色、粉红、橙色等,常带白色条纹;雄蕊6枚,外伸;子房下位,花柱与花被近等长。花期春夏季。

利用价值:花大艳丽,栽培观赏。

物种分布:东区家属区有露天栽培。多见室内栽培。原产于巴西。

石蒜 *Lycoris radiata*（L′ Her.）Herb

科属：石蒜科　石蒜属

别名：曼珠沙华、彼岸花、龙爪花、蟑螂花

特征简介：鳞茎近球形。秋季花后出叶，叶狭带状，长约15厘米，宽约0.5厘米，顶端钝，深绿色，中间有粉绿色带。花葶高约30厘米；总苞片2枚，披针形；伞形花序有小花4~7朵，花鲜红色；花被裂片狭倒披针形，皱缩和反卷，花被筒绿色；雄蕊显著伸出花被，比花被长1倍左右。花期9月。

利用价值：有观赏价值。鳞茎含多种植物碱，可入药；有毒植物。

物种分布：东区第一教学楼附近、西区图书馆附近草地有栽培。分布于华东、华中、华南及西南地区。

其他：石蒜花期无叶，花和叶的时期相互错开。

鸢尾 *Iris tectorum* Maxim.

科属：鸢尾科　鸢尾属
别名：紫蝴蝶、扁竹花

特征简介：多年生草本。叶基生，宽剑形；茎生叶1~2枚。苞片2~3枚，内含1~2朵小花；花蓝紫色，直径约10厘米，外花被裂片圆形或宽卵形，中脉上有不规则的鸡冠状附属物，成不整齐的縫状裂；花柱分枝扁平，淡蓝色。蒴果长椭圆形或倒卵形，有6条明显的肋，成熟时自上而下3瓣裂；种子黑褐色。花期4~5月，果期6~8月。

利用价值：因花大而美，可供观赏。根状茎可入药。

物种分布：校园常见，常大片栽培。分布于华东、华中、华南和西南等地。

其他：柱头扩大成花瓣状，顶端2裂，似鸢（一种猛禽）的尾巴，故名“鸢尾”。

芭蕉 *Musa basjoo* Sieb. et Zucc.

科属：芭蕉科　芭蕉属
别名：甘蕉

特征简介：多年生草本。植株高2~4米，叶鞘相互套合形成假茎。叶片长圆形，长1.5~2米，宽25~30厘米，先端钝，基部圆形或不对称，叶面鲜绿色，有光泽，叶脉羽状平行；叶柄粗壮，长达30厘米。花序从假茎中央伸出，下垂；苞片红褐色或紫色；雄花生于花序上部，雌花生于于花序下部。浆果三棱状，长圆形。花期8~9月。

利用价值：叶大且绿，为观叶植物。可造纸、入药。

物种分布：西区第三教学楼附近、东区专家楼附近栽培较多。原产于日本。现各地栽培。

美人蕉 *Canna indica* L.

科属：美人蕉科　美人蕉属

特征简介：多年生草本。叶片卵状长圆形，长10~30厘米，宽达10厘米。总状花序疏花；萼片3枚，外轮退化雄蕊2~3枚，花瓣状，花红色、橙色或黄色，发育雄蕊长2.5厘米；花柱扁平，一半和发育雄蕊的花丝连合。蒴果，有软刺。花果期6~11月。

利用价值：因花大而美丽，可供观赏。可入药，可制人造棉等。

物种分布：校园常见。原产于印度。我国南北各地常有栽培。

附录1　植物学基础知识//

一、植物分类基础知识

1. 分类方法

系统发育分类(自然分类):以植物之间的亲疏程度作为分类的标准,力求客观地反映植物界的亲缘关系和演化历史的分类方法。

2. 分类的基本阶层

界 Kingdom
　门 Division
　　纲 Class
　　　目 Order
　　　　科 Family
　　　　　属 Genus
　　　　　　种 Species

种下单位还可分为亚种、变种、变型。

3. 植物的命名法则

学名:为每一种生物创建一个国际上统一使用的科学名称。

双名法:1753年由林奈首创。每一种植物的名称,由两个拉丁文单词组成,第一个词是属名,名词,第一个字母要大写;第二个词为种加词,即种名,形容词;后面再写出定名人的姓氏或姓氏缩写,第一个字母要大写。

二、植物形态解剖学术语

1. 根

根由种子中胚的胚根发育而成,向地下生长,构成植物体的地下部分使植物体固着在土壤里,并从土壤中吸取水分和营养物质。

(1) 根的种类

根据发生部位不同,根可分为定根和不定根,定根包括主根和侧根两类。

(2) 根系类型

① 直根系:主根与侧根在形态上区别明显,并在土壤中延伸较深的根,也称深根系。

② 须根系:主根不发达或早期停止生长,由茎基部生出许多较长、粗细相近的不定根,呈须状根系,在土壤中延伸较浅,也称浅根系(图1)。

2. 茎

茎是种子中胚的胚芽向上生长而成的。在茎端和叶腋处生有芽,茎和枝条上着生叶的部位叫节,两节之间的茎叫节间,叶柄与茎相交的内角为叶腋。

茎的类型有:

(1) 直立茎

茎垂直地面,直立生长。

(2) 平卧茎

茎平卧地面生长,不能直立。

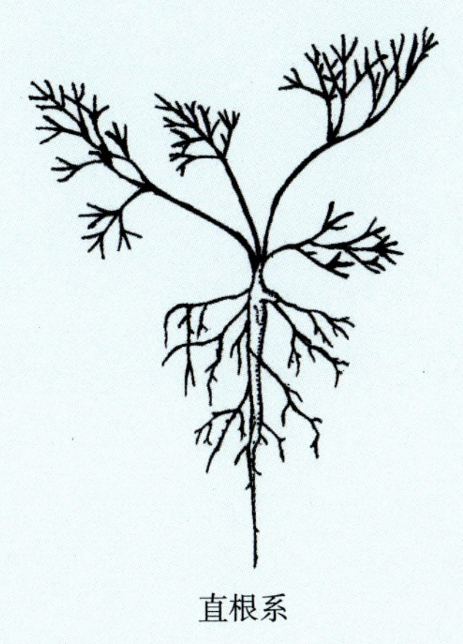

直根系

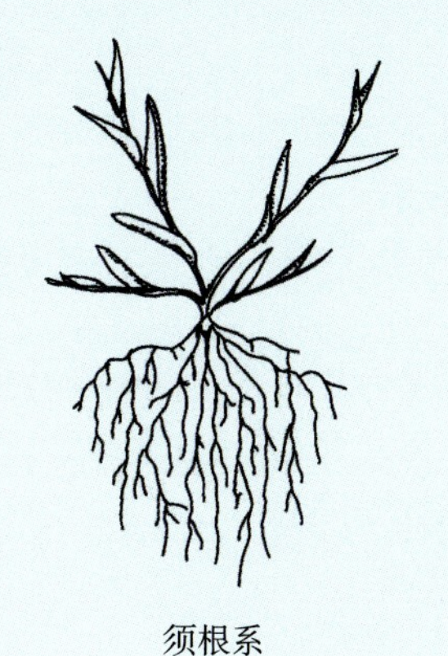

须根系

图1*

(3) 匍匐茎

茎平卧地面生长，但节上生不定根。

(4) 攀援茎

茎上发出卷须、吸器等攀援器官，借此使植物攀附于他物上。

(5) 缠绕茎

茎不能直立，螺旋状缠绕于他物上(图2)。

缠绕茎的缠绕方向，有左旋的和右旋的，还有中性的(左右兼有，如何首乌)。但因人们的判断依据不一致，常导致结果相悖。例如，同一株缠绕茎，从茎的顶端中央向下观察，若为顺时针方向旋转，称右旋；但若改为自茎的基部侧面向上观察，就变为逆时针方向旋转，称左旋，其结果正好相反。一般来说，观察者不会站在植物缠绕茎的顶端或中央，而是站在植物的侧面进行观察。本书参考《植物学拉丁文》(上册，秦仁昌译，科学出版社，1980)，根据靠近观察者一侧的缠绕茎伸展方向，自左下向右上生长的，称为右旋(如牵牛)；自右下向左上生长的，称为左旋(如葎草)。我们可形象地把近侧的缠绕茎看作仪表的“指针”，看它是向“左摆”还是向“右摆”，这样比较好记，又直观。

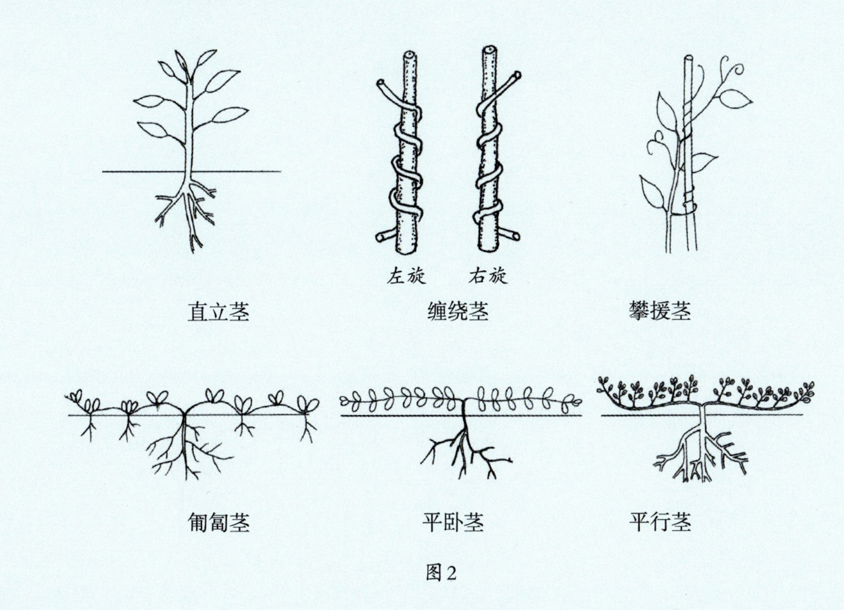

图2

3. 叶

叶是由芽的叶原基发育而成的，通常为绿色，有规律地着生在枝(茎)的节上，是植物进行光合作用、制

*此图及本部分图片仿自网络。

造有机营养物质和蒸腾水分的器官。

(1) 叶序

叶在茎或枝条上的着生方式叫叶序。

常见的叶序有:

叶互生、叶对生、叶轮生、叶簇生、叶基生。

(2) 叶形

叶形通常是指叶片的形状,是按照叶片长度和宽度的比例以及最宽处的位置来划分的,是识别植物的重要依据之一。下列术语用于描述叶形:

菱形:即等边的斜方形;

圆形:形如圆盘;

针形:叶细长,先端尖锐;

卵形:长宽约相等或长稍大于宽,最宽处近叶的基部;

卵圆形:长宽近相等,形似圆盘;

三角形:叶片基部宽阔平截,两侧向顶端汇集,呈三边近相等的形态;

心形:长宽比例如卵形,但基部宽圆而微生凹,先端急尖,全形似心脏;

镰形:叶片狭长而稍弯曲,呈镰刀状;

椭圆形:叶片中部宽而两端较狭,两侧叶缘成弧形;

扇形:形状如扇。

以上是几种较常见的叶形,除此以外还有阔椭圆形、剑形、锲形、箭形等(图3)。

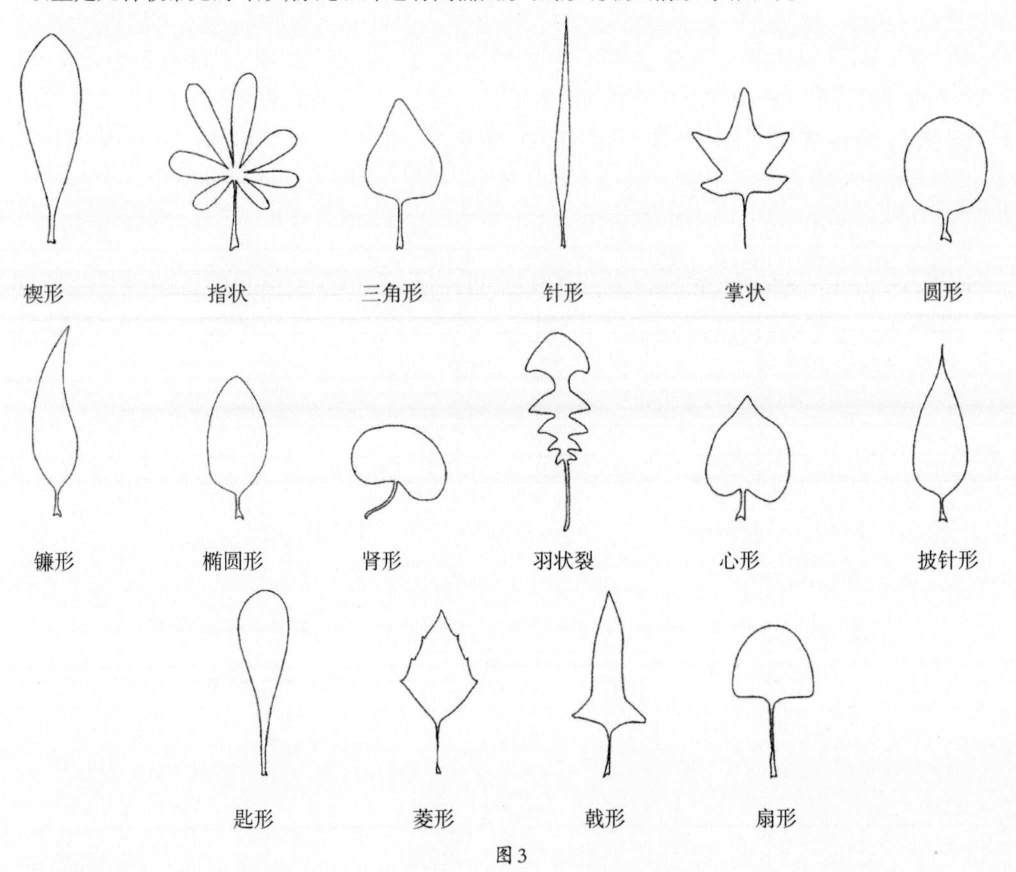

图3

4. 花

花是适应于生殖的变态枝条。被子植物典型的花由花梗、花托、花萼、花冠、雄蕊群和雌蕊群几部分组成(图4)。

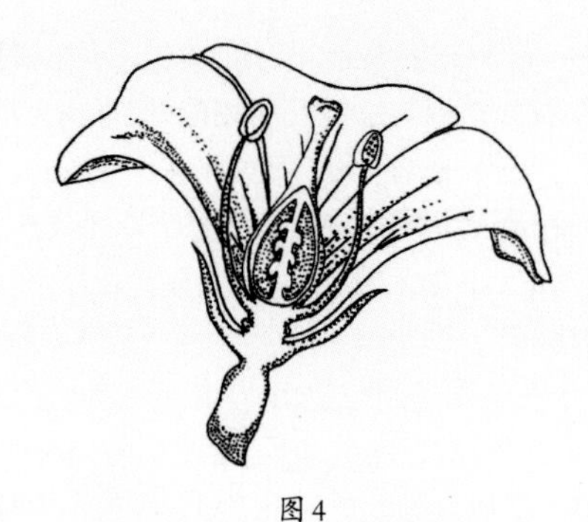

图4

(1) 花冠类型

根据花瓣分离或连合、花瓣形状和大小,以及花冠筒长短不同,形成各种类型的花冠,主要有下列几种:

① 蔷薇花冠:花瓣5枚或更多,分离,成辐射对称排列。

② 十字形花冠:花瓣4枚,离生,排列成十字形。

③ 蝶形花冠:花瓣5枚,离生,成两侧对称排列,最上一枚花瓣最大,称旗瓣;侧面两枚较小,称翼瓣;最下面两枚合生并弯曲成龙骨状,称龙骨瓣。

④ 唇形花冠:花瓣5枚,基部合生成筒状,上部裂片分成二唇状,两侧对称。

⑤ 漏斗形花冠:花瓣5枚,全部合生成漏斗形。

⑥ 管状花冠:花瓣连合成管状,花冠裂片向上伸展。

⑦ 舌状花冠:花瓣基部连生成短筒,上部连生并向一边张开成扁平状。

⑧ 钟形花冠:花冠筒宽而稍短,上部扩大成钟形。

⑨ 辐射状花冠:花冠筒极短,花冠裂片向四周辐射状伸展(图5)。

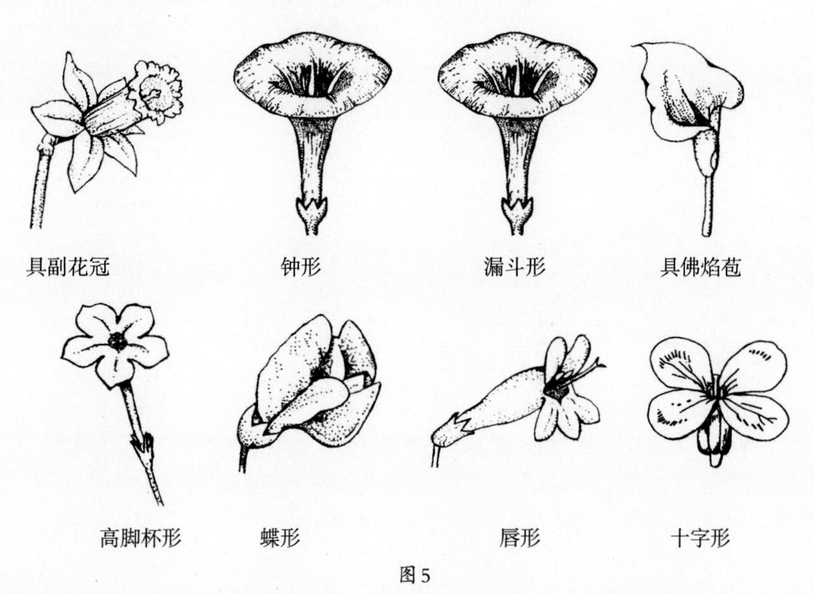

图5

(2) 花序类型

花序:是指数朵小花在花序轴上按一定排列方式着生。花序分为无限花序和有限花序两大类。

① 无限花序

无限花序是一种类似总状分枝的花序,开花顺序是花序轴下部或周围的小花先开放,渐及上部或向中心依次开放,而花序轴可继续生长。

按其结构形式可分为：

a. 总状花序：小花有柄，排列在一个不分枝且较长的花序轴上，小花柄长度相等。

b. 穗状花序：花轴直立，较长，小花的排列与总状花序相似，但小花无柄或近无柄，直接生长在花序轴上呈穗状。

c. 葇荑花序：花序轴柔软，常下垂，小花无柄，单性，花后整个花序或连果实一齐脱落。

d. 肉穗花序：花序轴肉质化，呈棒状，小花无柄，单性。大多数花序下面有大型的佛焰苞片，故也称佛焰花序。

e. 伞形花序：花序轴极短，许多小花从顶部同时生出，小花柄近等长或不等长，状如张开的伞。

f. 伞房花序：花序轴较短，下部小花柄较长，向上渐短，近顶端的小花柄最短，小花排列在一个平面上。

g. 头状花序：小花无柄，集生于一平坦或隆起的总花托上，而成一个球状或碗状的头状体，外围有1层或多层总苞片。

② 有限花序

有限花序或离心花序，也叫聚伞花序。花序中最顶端或最中心的小花先开放，渐及下边或周围，花序轴不再延长。

依每级分歧数目的多少可分为：

a. 单歧聚伞花序：主轴上小花开放后，侧枝又在顶端着生小花，逐次继续下去，各次分枝的方向又有变化。

b. 二歧聚伞花序：每次具有两个分枝的聚伞花序。

c. 多歧聚伞花序：顶花下的主轴产生三枚以上分枝，每个分枝又自成一个小的聚伞花序(图6)。

图6

5. 果实

根据果实的形态结构可分为三大类，即单果、聚合果和聚花果。

(1) 单果

单果是由一朵花中的一个单雌蕊或复雌蕊发育而成的。根据果皮及其附属部分成熟时果皮的质地和结构，可分为干果和肉质果两类。

① 干果

干果成熟时果皮干燥，根据果皮开裂与否，可分为裂果和闭果。

a. 裂果：果实成熟后果皮开裂，有蓇葖果、荚果、角果、蒴果等。

b. 闭果：果实成熟后，果皮不开裂，有瘦果、颖果、坚果、翅果等。

② 肉质果

肉质果是指果实成熟时，果皮或其他组成部分，肉质多汁，常见的有浆果、柑果、核果、梨果、瓠果等。

(2) 聚合果

聚合果是由一朵花中多数离生心皮的雌蕊发育而来，每一雌蕊都形成一个独立的单果，集生在膨大的花托上。因单果不同，聚合果可以是聚合蓇葖果，也可以是聚合瘦果，或者是聚合核果。

(3) 聚花果

聚花果(复果)是由整个花序发育而成的果实。花序中的每朵花形成独立的单果，聚集在花序轴上，外形似一枚完整的果实(图7)。

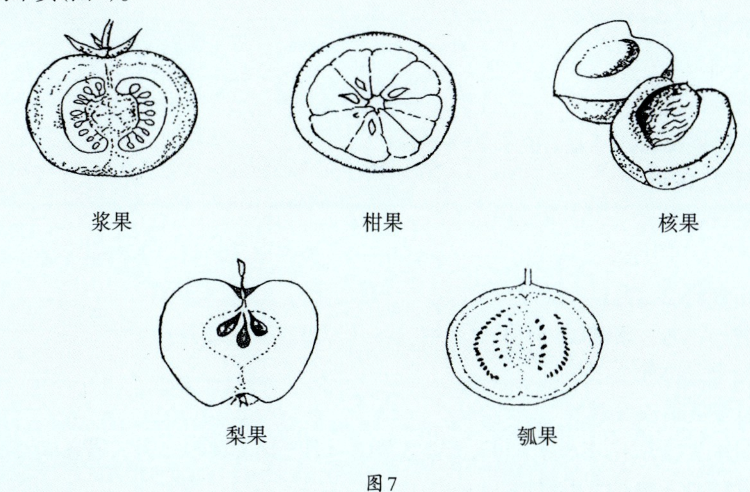

图7

6. 种子

种子是受精后的胚珠发育而成的。种子的外部结构为种皮，种皮内部的幼小植物体为胚。种皮上有种子成熟后脱落时留下的瘢痕，即种脐；还常有各种形状的突起物，称为种阜。

有些植物的种子中有胚乳，即有胚乳种子；另一些植物的成熟种子中已不存在胚乳，即无胚乳种子。

胚包括胚根、胚轴、胚芽和子叶4个部分。根据胚所具子叶数目可将种子分为单子叶种子和双子叶种子。

附录2 植物花期日历//

始花期	植物名称(花期)*
1月2日	荠(1~4月)
1月8日	迎春花(1~3月)
1月9日	梅(1~3月)
1月13日	蒲公英(1~9月)
1月15日	阿拉伯婆婆纳(1~5月),酢浆草(1~8月)
1月26日	猫爪草(1~4月)
1月始花	油茶(1~2月)
2月2日	深山含笑(2~3月)
2月5日	结香(2~3月),繁缕(2~4月),婆婆纳(2~5月),黄鹌菜(2~5月)
2月14日	阔叶十大功劳(2~3月)
2月16日	直立婆婆纳(2~4月)
2月18日	天目木兰(2月下旬~3月上旬),天蓝苜蓿(2~4月),诸葛菜(2~5月),通泉草(2~6月)
2月21日	玉兰(2月下旬~3月上旬)
2月25日	老鸦瓣(2~3月)
2月26日	泽漆(2~4月)
2月始花	早熟禾(2~5月),白顶早熟禾(2~5月),山茶(2~4月),稻槎菜(2~5月)
3月1日	皱皮木瓜(3~5月)
3月2日	榆树(3月),紫叶李(3月)
3月3日	单瓣李叶绣线菊(3月),碎米荠(3~4月)
3月5日	垂柳(3月)
3月6日	野迎春(3月),二乔木兰(3月),李(3月),杏(3月),桃(3~4月),紫荆(3~4月),连翘(3~4月),金钟花(3~4月),附地菜(3~4月),宝盖草(3~5月),天葵(3~4月),球序卷耳(3~4月),蛇莓(3~8月)
3月7日	无心菜(3~5月),紫花地丁(3~4月),白花地丁(3~4月)
3月9日	枫杨(3月)
3月10日	夏天无(3~4月),小巢菜(3~5月),救荒野豌豆(3~5月)
3月11日	白花地丁(3~5月)
3月13日	黄山木兰(3月),点地梅(3~4月),重瓣棣棠花(3~5月),白车轴草(3~5月)
3月16日	木瓜(3月),枫香树(3月中旬~4月),红花檵木(3月中旬~4月)

*列出的主要为被子植物,部分植物花期是2016~2017年物候观测的结果。

始花期	植物名称(花期)
3月17日	山麻杆(3月中旬~4月),垂丝海棠(3月下旬~4月上旬)
3月18日	柔弱斑种草(3~4月)
3月19日	杜梨(3月下旬~4月上旬)
3月20日	蚊母树(3月下旬~4月上旬),乐昌含笑(3月下旬~4月),紫丁香(3月下旬~4月),白丁香(3月下旬~4月)
3月21日	日本小檗(3月下旬~4月),菥蓂(3~4月),四籽野豌豆(3~5月),南苜蓿(3~5月),中华小苦荬 (3~6月)
3月22日	大岛樱(3月中旬~4月上旬),日本晚樱(3月下旬~4月),蓬蘽(3月下旬~4月),紫藤(3月下旬~4月)
3月23日	紫玉兰(3月下旬~4月),飞黄玉兰(3月下旬~4月),羽衣甘蓝(3~4月)
3月25日	鸡爪槭(3月下旬~4月上旬)
3月26日	茅莓(3月下旬~5月)
3月27日	石龙芮(3~5月),葶苈(3~4月),翻白草(3~5月),米口袋(3~4月),白花米口袋(3~4月),野老鹳草(3~5月)
3月28日	湖北海棠(3月下旬~4月上旬),杜仲(3月底~4月)
3月29日	重瓣粉海棠(3月下旬~4月)
3月30日	毛泡桐(3月下旬~4月),关节酢浆草(3~11月),红花酢浆草(3~11月),多花筋骨草(3月下旬~4月),弹刀子菜(3~4月)
3月下旬	麻栎(3月下旬~4月),桑(3月下旬~4月),小苜蓿(3~4月),广州蔊菜(3~4月),雀麦(3月下旬~7月)
3月始花	黄杨(3月),含笑花(3~5月),抱茎小苦荬(3~6月)
4月1日	构骨(4月),杂交鹅掌楸(4月),二球悬铃木(4~5月),一球悬铃木(4~5月),三角槭(4月),花叶青木(4月)
4月2日	加杨(4月)
4月3日	琼花(4月)
4月4日	菱叶绣线菊(4月),邻近风轮菜(4~6月),活血丹(4~5月),蚊母草(4~5月),鹅肠菜(4~8月),锦绣杜鹃(4月),刺果毛茛(4~6月)
4月7日	长柔毛野豌豆(4~6月),乳浆大戟(4~5月)
4月9日	黄连木(4月)
4月10日	野蔷薇(4月),锦带花(4~6月),楸(4月),棕榈(4月)
4月12日	厚朴(4月),刺槐(4月),构树(4月)
4月13日	朝天委陵菜(4~6月),旋花(4~9月)
4月14日	鹅掌楸(4月下旬),海桐(4月中旬),红叶石楠(4月),红车轴草(4~7月),泽珍珠菜(4~5月),少花龙葵(4~9月),鸢尾(4~5月)
4月15日	北美车前(4~5月),刺儿菜(4~5月),石楠(4月)
4月16日	七叶树(4~5月),插田泡(4月)
4月17日	皂荚(4月下旬~5月),萹蓄(4~10月),薤薤蒜(4~7月),蔊菜(4~6月),一年蓬(4~9月)
4月18日	樟(4月下旬~5月上旬),楝(4月下旬~5月),长鬃蓼(4~11月)
4月19日	美国山核桃(4月下旬~5月)
4月20日	忍冬(4~6月)
4月22日	石榴(4月下旬~6月),虞美人(4~7月)

始花期	植物名称(花期)
4月23日	火棘(4月下旬~5月)
4月25日	椤木石楠(4月下旬~5月),荔枝草(4~6月)
4月26日	泥胡菜(4~6月)
4月28日	毛叶山桐子(4月下旬~5月)
4月30日	蛇含委陵菜(4~7月)
4月始花	牡丹(4月),朴树(4月),重阳木(4~5月),漆姑草(4~5月),蜘蛛抱蛋(4~5月),播娘蒿(4~5月),臭荠(4~5月),百蕊草(4~5月),细叶旱芹(4~5月),花红(4~5月),小蜡(4~5月),花椒(4~5月),接骨木(4~5月),羊蹄(4~6月),猪殃殃(4~6月),狗尾草(4~7月),鹅观草(4~7月),菹菜(4~8月),高羊茅(4~7月),看麦娘(4~6月),车前(4~8月),天胡荽(4~7月),龙葵(4~9月),月季花(4~9月),石竹(4~9月),三色堇(4~7月),一串红(4~10月),芫荽(4~7月),苦苣菜(4~11月),花叶滇苦菜(4~11月)
5月1日	小叶女贞(4月下旬~5月)
5月2日	粉花绣线菊(5~7月)
5月4日	臭椿(5月)
5月5日	垂盆草(5~6月),虎掌(5~6月)
5月6日	荷花玉兰(5~6月)
5月8日	夹竹桃(5~9月),梓(5月)
5月上旬	柿(5~6月)
5月11日	南天竹(5~6月),金丝桃(5~7月),金丝梅(5~7月)
5月14日	木防己(5~9月),喜旱莲子草(5~10月),虎耳草(5~6月)
5月15日	日本珊瑚树(5月),水苦荬(5~7月),蕺菜(5~6月),平车前(5~7月),蜀葵(5~9月),半边莲(5~10月)
5月17日	赛菊芋(5~8月)
5月18日	珠芽景天(5~6月),厚萼凌霄(5~10月)
5月19日	合欢(5月下旬~6月),垂序商陆(5~8月)
5月20日	香椿(5月下旬~6月),夏枯草(5~6月),绣球(5月下旬~7月),
5月21日	鸭跖草(5~10月)
5月25日	栀子(5~6月),野胡萝卜(5~7月)
5月26日	无患子(5月下旬~6月),秋英(5~10月)
5月29日	多苞斑种草(5~7月)
5月下旬	君迁子(5~6月)
5月始花	牡丹(5月),少花米口袋(5月),小藜(5月),藜(5月),朱顶红(5~6月),齿果酸模(5~6月),长刺酸模(5~6月),光头稗子(5~6月),芍药(5~6月),珠芽景天(5~6月),无花果(5~7月),铁苋菜(5~7月),马蹄金(5~7月),黑麦草(5~7月),香附子(5~7月),陌上菅(5(5~6月),7月),黄檀(5~7月),木荷(5~7月),扁蓄(5~8月),葎草(5~8月),麦冬(5~8月),地锦草(5~9月),环翅马齿苋(5~8月),小蓬草(5~9月),五节芒(5~9月),斑地锦(5~10月),三角叶酢浆草(5~10月),碧冬茄(5~10月),金盏花(5~10月),狗牙根(5~10月)
6月1日	女贞(6月)
6月2日	紫茉莉(6~10月)

始花期	植物名称(花期)
6月3日	冬青卫矛(6月),木槿(6~10月),美人蕉(6~10月)
6月6日	苦蘵(6~10月),紫薇(6~10月)
6月8日	乌桕(6月),蓟(6月),玉簪(6月)
6月9日	牡荆(6~7月),饭包草(6~9月)
6月10日	梧桐(6月),乌蔹莓(6~7月)
6月上旬	蓝猪耳(6~11月)
6月11日	枳椇(6月)
6月12日	莲(6~8月)
6月15日	苘麻(6~9月),马鞭草(6~8月),萱草(6~8月)
6月17日	爬山虎(6月)
6月20日	叶下珠(6~8月)
6月25日	蜜甘草(6~8月),野大豆(6月下旬~8月)
6月始花	紫萼(6~7月),韭莲(6~7月),菖蒲(6~7月),五叶地锦(6~7月),皱果苋(6~8月),马兜铃(6~8月),杠板归(6~8月),凤尾丝兰(6~9月),薯蓣(6~9月),白茅(6~9月),菖蒲(6~7月),香丝草(6~9月),鳢肠(6~10月),牛筋草(6~10月),金色狗尾草(6~10月),绿豆(6~10月),扁豆(6~11月),长鬃蓼(6~11月),茑萝松(6~11月)
7月1日	牛膝(7~9月)
7月2日	萝藦(7~8月)
7月4日	槐(7~8月)
7月5日	山麦冬(7~10月)
7月6日	龙爪槐(7~8月),扶芳藤(7月)
7月7日	爵床(7~10月),秀瓣杜英(7月),喜树(7月),常春藤(7~8月)
7月10日	牵牛(7~10月),圆叶牵牛(7~10月),钻叶紫菀(7~11月),葱莲(7~10月)
7月16日	双荚决明(7月下旬~10月),鸡矢藤(7~9月),马兰(7~9月)
7月19日	白英(7~9月),加拿大一枝黄花(7~10月)
7月20日	全缘叶栾树(7~9月)
7月25日	威灵仙(7月下旬~9月)
7月始花	长春花(7~9月),芦苇(7~9月),天名精(7~10月),艾蒿(7~10月),阴地蒿(7~10月),蓖麻(7~11月)
8月5日	鸡眼草(8~9月)
8月15日	随意草(8~9月)
8月25日	栾树(8~9月)
8月29日	翅果菊(8~10月)
8月始花	黄独(8~9月),芭蕉(8~9月),榔榆(8~9月),菊芋(8~9月),黄花菜(8~10月),黄花蒿(8~11月),红足蒿(8~11月),薄荷(8~11月),细叶结缕草(8~12月)
9月1日	长萼鸡眼草(9~10月)
9月3日	竹节菜(9~10月)
9月7日	木犀(9~10月)

始花期	植物名称(花期)
9月10日	石蒜(9月)
9月20日	何首乌(9~10月)
9月25日	绵毛酸模叶蓼(9~11月)
9月上旬	木芙蓉(9~10月)
9月始花	竹节草(9~10月),绵毛酸模叶蓼(9~11月)
10月12日	十大功劳(10月)
10月19日	八角金盘(10~11月)
11月18日	枇杷(11~12月)
12月5日	蜡梅(12~翌年2月)

罕见开花的被子植物:孝顺竹,观音竹,刚竹,菲白竹,紫竹,浮萍,芜萍。

植物中文名称索引//

后　记

两年前，由沈显生教授主审、钱栎屾和邱燕宁两位本科生编著出版的《中国科学技术大学校园植物图鉴》一书，受到了中国科大师生们的一致好评。在中国科大甚至在合肥市，该书已经成为普及植物学知识和开展环境教育的一本颇具影响力的读物。

由于当时的编写时间比较仓促，在收录过程中有很多遗漏，仅收录了校园的229种植物，而且裸子植物收集得很少。为了更加全面地普查校园内所栽培植物的种类，并培养学生对校园环境和大自然的热爱，2016年9月，学校教务处和生命科学学院决定让沈老师带领一批学生对该书进行重新编写，将其作为迎接中国科大60周年校庆的礼物。得知这一消息后，同学们无比激动，积极报名加入《中国科大校园草木》编写组。沈老师安排我来负责具体的组织工作。每位同学负责修订约30种植物的特征描述、调查校园植物分布、观测植物花期和补拍植物照片等。由于同学们都是高年级学生，学习任务比较繁重，但大家都克服困难，积极主动地工作。经过近两年的不懈努力，在参与的同学们毕业离校之际，这本《中国科大校园草木》即将问世，怎能不让人激动呢?

对此，他们有些话要说：

陈筠怡
化学与材料科学学院

“叶上初阳干宿雨。水面清圆，一一风荷举。”傍晚时分，携三五好友，漫步眼镜湖边，是我一天中最美的时刻。科大的一草一木构成了我们记忆里的校园，初来科大时，树干上的牌子帮助我认识了不少植物，桃花灼灼其华，莲出淤泥而不染，合欢曳曳因风动，紫薇烂漫十旬期，梅则不为繁华易素心，这些自然的精灵让我痴迷。感谢沈显生老师和李汶芳师姐，通过与他们的一次次户外拍摄、一次次交流讨论，我学会了辨认植物并学到了许多植物学知识。记录花期并探望我的植物朋友们已经成为我的日常，光阴带给我的惊喜和友情弥足珍贵。很荣幸能够参与本书的编写工作，我相信这本书将让越来越多的读者朋友爱上植物，爱上自然。

还记得高一那年，我们的生物老师带着全体生物竞赛生在校园里转了一个下午，教我们校园里一草一木的名字。直到今天，我依然为那个暮春的午后和那些奋力生长的166野花野草感动不已。能够参与本书的编写工作我深感荣幸，我很感谢能够借由一个个词条诉说我曾经的感动和欣喜，也很感谢一直以来沈显生老师、李汶芳师姐和共同参与本书编写的同学们的帮助和支持。希望翻阅着这本书的你能够领会到些许与我相同的感动和欣喜，并将这份对蓬勃生命力的感动和认识身边熟悉又陌生的美丽草木的欣喜传递给更多的人。

王英蕾
生命科学学院

兰丽影
生命科学学院

我的植物之旅既是从认识科大的植物开始的，也是从《中国科学技术大学校园植物图鉴》开始的。此书的作者钱栎屾学长在我大一的时候将全校的植物一一向我介绍，介绍关于它们的一切，春华秋实。自此以后，我便踏进了植物王国，借着信息时代便捷的东风徜徉其中，不停地遇见新的，回味过去的，并期待着真正能与它们面对面的一天：我们无法断言植物到底有多少种姿态，多少被掩藏的秘密，多少伟大的力量，这里永远都有新闻。

《林间最后的小孩》里有一句话："一个人需要花一生的时间去了解山的一部分，曾几何时，人们这么做过。"在参与本书编写的过程中，我觉得穿梭在校园里认识植物是特别开心的一件事情，仿佛学校里突然多出了很多曾被自己忽略的精灵。尽管留意周围花花草草的人越来越少，但我还是希望这本书能对科大的同学们有所帮助，毕竟我们都渴望了解自然，不是吗?

金丽颖
生命科学学院

人类文明的发展是伴随着对自然界的认识开始的，从林奈建立动植物的科学分类系统，到达尔文环游世界探索生物进化的真谛，再到孟德尔观察豌豆解开遗传的奥秘。无数先人以极大的热情探索自然，从而向我们呈现出现行的自然科学体系，让我们得以欣赏自然之美。生命，是大自然最美妙的杰作！千姿百态，生生不息！本着对自然界的无限向往，我参与了本书的编写工作。一方面，我了解了更多的植物，体会到了融入自然的乐趣；另一方面，我也体会到了基础科研工作者的艰辛。本书的编撰，给大家提供了很好的认识自然、欣赏自然的工具。我们希望大家从现代工业的喧嚣中抽出一点时间，欣赏一下存在于我们身边的植物，回归自然，感悟自然。正如林奈所说：在最平凡处寻找奇妙事！

孟学峰
生命科学学院

……

纸短情长，同学们对这本书的投入和热爱实在无法用三言两语来表达。我想这种热爱更多地来源于对科学、对大自然的崇高敬意。

本书的成功出版，得到了中国科大许多老师和同学的支持与帮助。首先，感谢我的导师赵忠老师对于这项工作的肯定和支持，感谢生命科学学院沈显生老师在专业上的指导。感谢生命科学学院黄丽华老师和邸智勇老师在校园植物图像采集和植物显微摄影上给予的悉心指导和帮助，并为本书提供了部分照片。其次，感谢钱栎屾同学在校园植物鉴定过程中给予重要帮助，并提供大量珍贵的植物照片。感谢核科学技术学院2015级博士研究生霍万里师兄教我认识校园内的植物，带领我走进植物的世界，并且在摄影技巧上提供了帮助。感谢信息科学技术学院已毕业博士张政欢师兄提供部分图片。感谢化学与材料科学学院2014级本科生陈�怡同学记录东区部分植物的开花物候期、查阅描述相关植物的诗词，并协助进行稿件编辑工作。感谢生命科学学院2014级本科生兰丽影、王英蕾、金丽颖以及孟学峰4位同学对书稿文字部分的编辑。

李汶芳

2018年6月